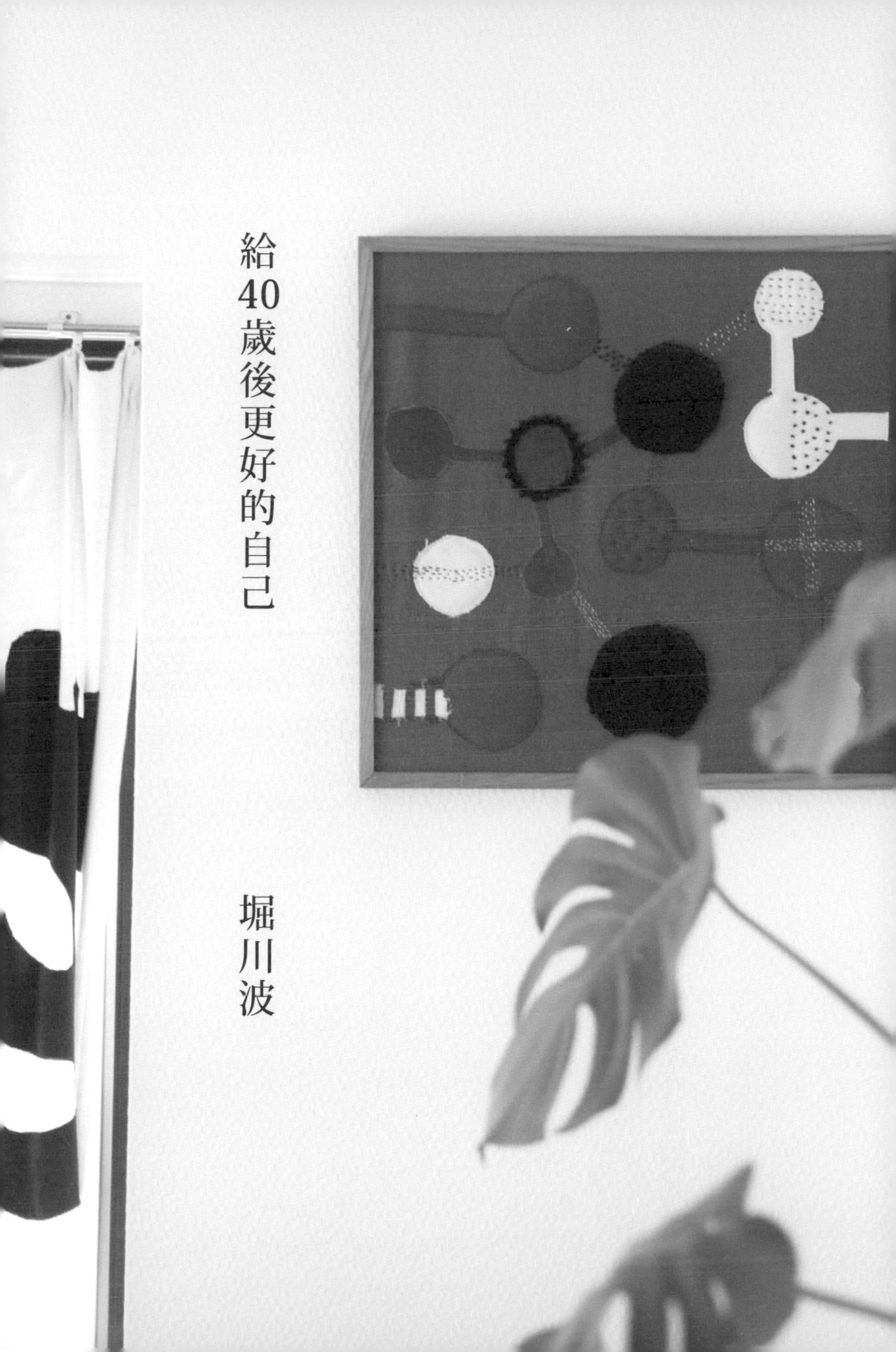

給40歲後更好的自己

堀川波

前言

成為自己的自由

過了四十歲以後，育兒和生活的壓力才正要稍微減輕，但是隨之而來的是，看不清自己五十歲、六十歲甚至於七十歲的未知與茫然。這是一種身為母親和太太這種角色的不安，擔心自己與社會的連結變弱了，活動的區域範圍變小了的不安。

翻開年輕時的日記，上面寫著「自己才是人生的主角」。回過神來，生活上、家庭裡總是把自己擺在最後一位。孩子生病時，就算跟公司請假也要帶孩子去醫院，自己的健康檢查卻一再往後延。雖然有想學的興趣或才藝，卻還是以孩子上補習班為最優先。旅行也是選擇父母親想去的地點，而不是自己心裡的第一順位，即使如此還是感到滿足。

當下的我認為這才是身為母親、太太和媳婦該做的，也覺得很幸福。家庭內愉快、開心的事情當然很多，所以就算家人有時會生氣地說：「媽媽都只想著自己，都沒有把我們的事情放在心上！」但是對我來說，我真心把自己的事情放在第二位，總是有著「我沒關係，大家加油」的心情。

當孩子大了，經濟稍微有點餘裕了，我反而對自己身體狀況、工作和家人產生了不安。不再是家庭核心的我，這樣下去好嗎？我開始問自己：

我沒有與社會脫節嗎？

我是不是孤單一人？

所以，我決定拓展新視野、尋找新興趣，找回全新的自己。首先要改變現有的生活方式才行。心態上，我變得更正面，能面對所有的擔心和不安。雖然焦慮和不安不斷席捲而來，不過換個角度想，現在和未來的人生，或許才是最悠閒的時期也說不定。

正因為過去累積了許多經驗，所以大部分的事情都有能力設法克服。好久沒有真正擁有屬於自己的時間了，內心那種「終於來了」的期待感，以及對於家庭的寂寞心情之間，或許會有些動搖。

以後就把這樣的從容用在自己身上吧！為了緩慢悠閒地走向只屬於自己的五十歲、六十歲，現在就要找出自己能做的事。我把那些能替換的、不想再做的、新起步的事情全部列出來，整理成這本書。內容包括「要是能早點開始就好了」的懶人生活術、想要培養的新習慣、一直想做而且終於做到的事，或是做了真好的新人生體驗等等，內容非常廣泛。

或許現在對我來說最必要的是，為自己跨出一步的勇氣。就像年輕時一樣，成為自己人生的主角吧！

堀川波

【目錄】

2 身體——新的變化、新的保養

3 衣服——四十歲後的時尚與裝扮

4 好奇心——十年後也充實的生活小功夫

Staff

・刊登商品、店鋪以二〇一八年八月的資訊為準（基本上都是含稅價）

・化妝品、營養品等使用感想純屬作者個人喜好。

四十八個Check成為更好的自己

比起其他優先事項、該做的事、想做的事，最應該做的是花點時間看看自己。
現在就開始多關心自己吧。

- 最近有照過鏡子看看自己的身體嗎？
- 下次什麼時候剪頭髮？
- 親友生日預定要做什麼呢？
- 有過從種子開始栽培植物嗎？
- 今天喝了多少水？
- 睡前是否有做深呼吸？
- 平時有清潔浴室牆壁及地板的習慣嗎？
- 如果有一本新的筆記本，你會寫什麼？
- 用過咖啡色的睫毛膏嗎？
- 試著不帶手機出門過嗎？
- 手機裡是否有大量不需要的照片？
- 有沒有一年以上沒使用過的化妝品？
- 你知道現在當令的魚是什麼嗎？
- 是否忘了防曬嗎？
- 有沒有隨時注意美姿美儀？
- 有年齡差距大的朋友嗎？
- 今天走了多少步呢？
- 是否預約了今年的健康檢查？
- 現在有多少想要的東西？
- 今天和幾個人說過話？
- 有哪些你想做卻一再延後的事？
- 最近有沒有到電影院去看電影？

・從童年時就一直很喜愛的東西是什麼？
・曾經學過化妝嗎？
・你知道哪些按了就會很舒服的穴道？
・下一次生日想要的東西是什麼？
・仔細聽過肚子叫的聲音嗎？
・有用牙線的習慣嗎？
・你是否嚮往某個人的生活方式？
・想學的興趣是什麼？
・一直很在意，想整理的地方是哪裡？
・你知道昨天的月亮是什麼形狀嗎？
・今天是否發自真心地大笑過呢？
・腳底很粗糙呢？
・現在用的沐浴乳或香皂適合妳嗎？
・什麼香味能讓身心放鬆呢？
・比起十年前，體重有變化嗎？

・最近有打電話給父母嗎？
・是否有挑戰新菜色？
・有控制進食量及飲酒量嗎？
・想和誰一起去旅行？
・有哪些不想做的家事？
・身體柔軟度和五年前一樣嗎？
・最後一次寫信是什麼時候？
・遇到討厭的事情時，會忍耐不吭聲嗎？
・現在喜歡你的人有誰？
・十年後的家人會改變嗎？
・家中是否有讓你放鬆的地方？

現在正是開始改變的時候了。

Check 1

一點一滴慢慢脫離「母親」這個角色

孩子國中畢業後，需要費心幫他做的事漸漸少了。學校的課業或經濟方面雖然還需要你的支援，但是孩子本身也從家庭轉變為對社會的關注。

依賴父母的狀況也只剩幾年吧？之後我會不會變成職業倦怠（burnout）呢？還是因為太過拚命而失去平衡呢？因為焦躁不安不斷膨漲，有時我會自我安慰「反正還是很久以後的事」。

幾乎都被家事及育兒填滿的生活，必須重新檢視的時機總有一天會來臨。只不過，並不知道究竟是何時，要是突然猝不及防就糟了。

既然這樣，先從做得到的事情開始，如果有想放手的、想替換的，就從起心動念的此時此刻做起。或許現在就是開始為孩子離巢的準備

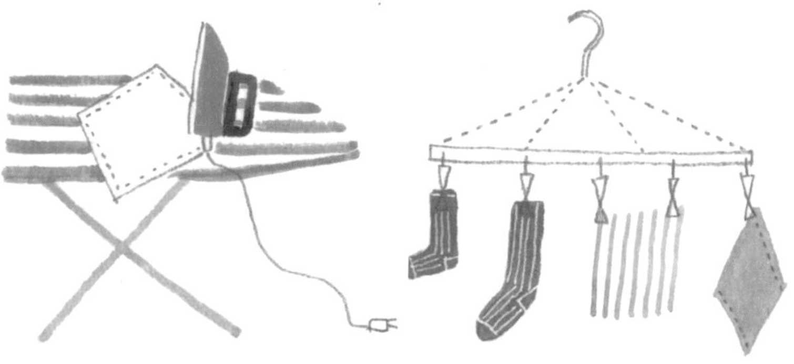

期間。

再次環顧家中，過去幾乎一個人扛起來的家事，有很多令我覺得「差不多可以不要做了」、「想換更輕鬆的方法來做」，理由很多——已經不再需要伴著孩子的成長、我的體力日漸變差、或是原本就沒什麼效果的事卻一直持續著。

當然，沒有辦法突然說停就停。肚子餓了總得吃飯，去買菜回來下廚、洗衣服收拾等，只要活著就會有家事。健康地過生活，也要心情愉快地料理家務。

只不過可能已到了重新檢視方法及頻率的時候。孩子各自成家立業後，我能開始調整步調，過過自己的生活。

嘗試思考

- 下廚頻率、方式
- 打掃用具、方法
- 想交給孩子的物品、智慧。
- 想要的居家環境是什麼？
- 偶爾偷懶也沒關係嗎？

←細節請參考第一章（P21）

Check 2

現在的身體狀態如何呢？

三十歲以後身體開始產生變化，但過了四十歲，感覺又大不相同。視力、體力都變差，肌膚、頭髮、牙齒等等，要舉例簡直沒完沒了。現在的我與其抗拒，反而已經接受這樣的變化，不再感到焦慮。

但是即使身體狀態走下坡也不能放棄，要嘗試找出適合現在的新方法。人說「病由心生」，但是只要健康狀況好，心情也能受影響。正因為身心息息相關，更應該提早保養。

我天生就怕麻煩，不喜歡散步也不喜歡運動，所以年輕時能避免就避免。不過和同年齡的朋友見面時，大家都說在練瑜伽。我心想真那麼好，那就先報個體驗課程試試看。

第二天，原本像鉛塊一般笨重的身體竟然變得輕盈了。因為身體的肌肉充分伸展，四肢的

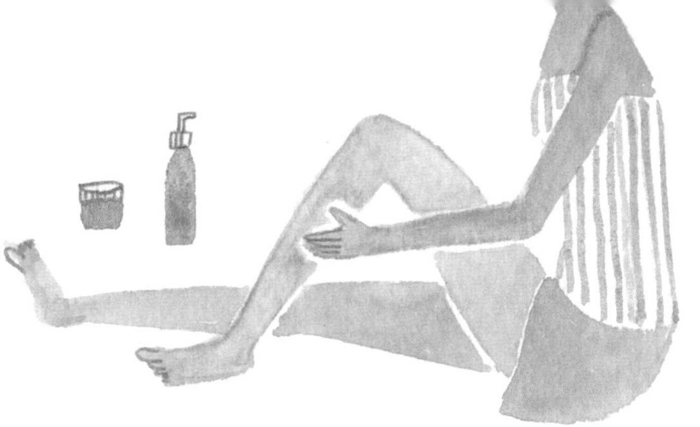

伸展範圍變得更大了。

沒想到才一天就這麼有效，所以心態上變得更積極，我因為這樣的改變而感動，馬上就迷上了瑜珈。現在每星期一次，一次一小時的課程，再加上瑜珈教室是騎腳踏車就可以到的距離，即使像我這樣三分鐘熱度的人也能一直持續下去。

每次參加，都能驚喜地發現身體的某個部位，能夠舒服地伸展，就像把家中各個角落都打掃得乾乾淨淨一樣。我跟朋友說：「說不定未來的醫療費用能因此減少呢。」沒有絲毫的勉強持續做瑜珈。

嘗試思考

- 選擇適合肌質的香皂、洗髮精、染髮劑
- 看電視避免視力受損的方法
- 不讓健康惡化的辦法
- 焦慮時，讓自己冷靜下來的方法
- 健康的減肥方法

←細節請參考第二章（P63）

Check 3

享受打扮、化妝的樂趣嗎？

至今我出過四本關於時尚穿搭的書。過了四十歲後，以往的服裝總覺得不太合適了。有時就連好穿搭的連身洋裝，穿起來的感覺就像是熟悉的陌生人。

穿搭不一定是要重新找回女人味，但是挑選服裝時感到雀躍的自己，能夠重拾這樣的感覺還是很開心。因為打扮與年齡無關，而是取悅自己的事情。

因為已經清楚自己的喜好，所以想要維持以往的穿搭風格難免有些不對勁。比方說，從年輕時就一直喜愛的品牌，現在就不適合了，或是綁髮的位置不對，就會顯得表情暗淡。

現在的我，比年輕時更能客觀觀察自己，參考家人或店員意見的機會增加了。由別人的角度來看能有新發現，穿搭的選項也更多元。

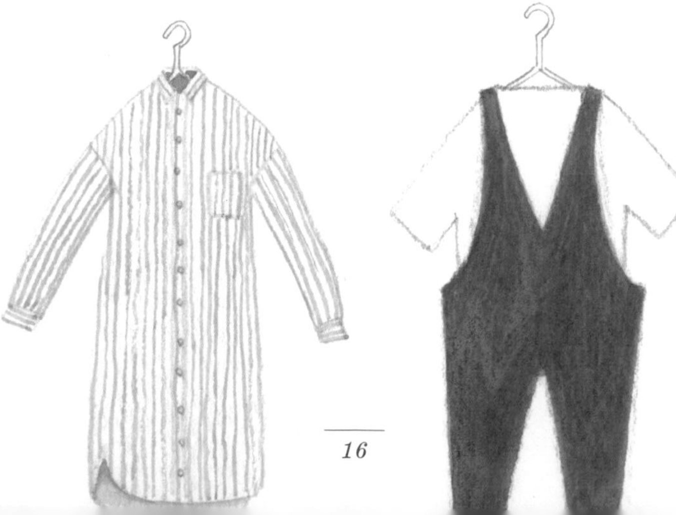

嘗試極簡穿搭風格的人，穿搭時雖然很輕鬆，但我現在反而更享受偶爾做新衣服的愉悅。增加一件喜愛的單品，就會連帶著留意化妝及髮型，是件很開心的事。

現在還能網購指甲彩繪、手工藝用品等工具，在家能做的服務越來越多了。除了女兒會告訴我最新的美妝資訊之外，我也能夠保有自己的穿衣風格及清潔感。

現在的我才懂的事

- 適合現在的穿衣風格
- 有清潔感的小物運用
- 手工飾品的注意事項
- 濃妝反而凸顯臉部缺點
- 身體健康比什麼都重要

←細節請參考第三章（P91）

Check 4

每天都充滿好奇心嗎？

育兒生活雖然辛苦，但也很開心，我甚至還煩惱過「要是孩子們都獨立了，要怎麼辦？」以前我曾聽過有孫子的女性說，照顧孫子和育兒的樂趣不一樣。

孫子雖然可愛，但不能隨心所欲，想怎麼做就怎麼做，總是有一種暫時託管的感覺。因為只要是父母，都是全心全意放在孩子身上。

想到自己將近一半的人生，都放在孩子身上，就覺得無限感慨。與此同時，我也想著要是兩個孩子長大了，我就為自己慶祝，作為往下一步邁進的人生紀念。當時的我四十三歲，希望能發現比育兒更讓我熱衷的事情。

思考想再次嘗試的興趣、五年後想成為的自己，接近理想生活的機會變多了，和數十年沒見的朋友邊喝茶邊聊這些夢想，也是最近最開

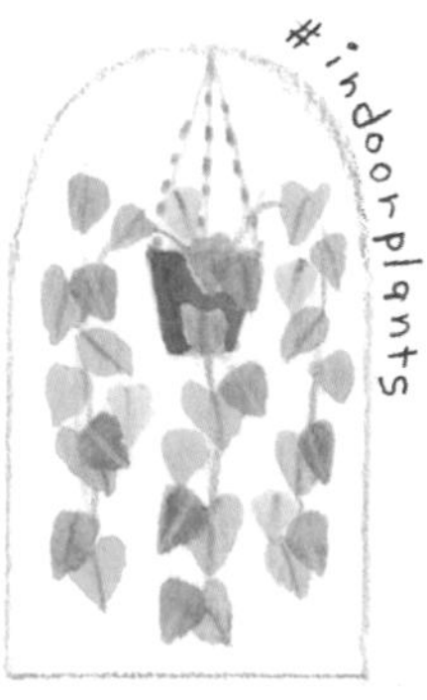

心的事。以我現在的體力大概無法再定期開課，講著這些宛如夢話般的想像，卻是一股強大的心靈力量。

人生中還有許多要擔心的事，但是現在可以做、應該做的是，抱持好奇心行動，即使小事也能樂在其中。

這就是為了未來的自己播種，與其想著還不夠還不夠、想要更多更多，這些微不足道的小事，也能成為「啊，今天也好幸福」的基礎。

現在的我才懂的事

・一個人吃飯
・夜間活動
・認識社群、網路
・睽違20年的重逢
・寫家族年表

←細節請參考第四章（P113）

家庭成員

我

47歲的家庭主婦、插畫家。

夫

上班族。平時很晚回家。最擅長的家事是洗衣服。

女兒

19歲（大一）。為旅行及打工而忙碌。

兒子

14歲（國二）。熱衷網路遊戲，有時會幫忙家事。

3 家事——從脫離「母親」這個角色開始

一餐三色就合格了

因為家人們的生活型態變得不同，讓我開始覺得下廚稍微偷懶一下也沒關係。大家各自變得忙碌，回到家的時間也不一樣，全家到齊一起吃晚飯的次數一星期大約一、兩次。既然如此，下廚就不需要大費周章，只要注意營養均衡就夠了。

因此我訂下「一餐三色」的原則。這個飲食習慣能均衡地攝取維生素、蛋白質、碳水化合物和脂肪等營養素，加上擺盤精美，就能持之以恆。

比方說主菜的肉和飯添加葉菜類、彩椒，就能達成三色原則的彩虹飲食法。若是有菠菜或豆芽菜，稍微燙一下，用韓國的大喜大牛肉粉和芝麻油均勻拌一下，就可以簡單做出韓式涼拌菜。

如果有胡蘿蔔、高麗菜、小黃瓜，用鹽搓揉就可以做出三色配菜。還可以使用玄米（茶色）或古代米（紫色米）等代替白米，視覺上更有新鮮感，所以我非常推薦。

近年來市面上販賣不少顏色罕見的蔬菜，如黃色胡蘿蔔、橘色白菜、紫色花椰菜等，料理時注意色彩分配，即使是和平時一樣的食譜，也能做出新料理！

【推薦商品↓六十二頁】

三菜一湯好累喔！

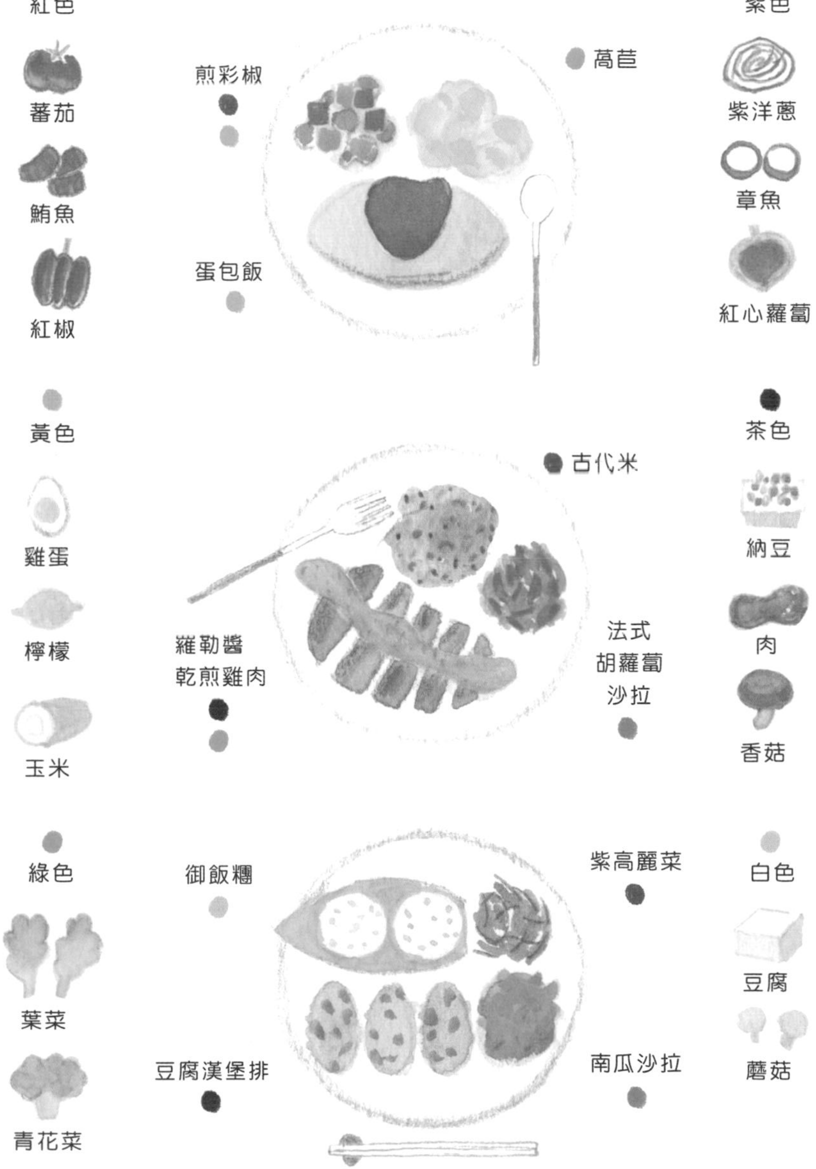
紅色
蕃茄
鮪魚
紅椒
黃色
雞蛋
檸檬
玉米
綠色
葉菜
青花菜
煎彩椒
蛋包飯
萵苣
紫色
紫洋蔥
章魚
紅心蘿蔔
古代米
羅勒醬
乾煎雞肉
法式
胡蘿蔔
沙拉
茶色
納豆
肉
香菇
御飯糰
紫高麗菜
豆腐漢堡排
南瓜沙拉
白色
豆腐
蘑菇

偶爾吃吃快煮餐也不錯

雖然不討厭做菜，但是每天都要煩惱今天要吃什麼的時間卻是種壓力。經年累月的壓力累積，能夠持續這麼多年也是不簡單。

所以我最近開始使用快煮餐（meal kit）的宅配服務，有韓式拌飯、韓國風味湯或是蕃茄壽喜燒等料理，食材以一餐分量個別包裝的簡易料理組合包裝。

最大的好處就是，讓我從煩惱菜單的焦躁感中解放！一個月吃兩次左右，因為能讓家人在家就能吃到外食，所以他們也非常喜歡。另外還附上食譜更是加分，讀國中的兒子因為覺得很有趣所以還會幫忙下廚，連做菜的時間也縮短了。

以前也曾經為了節省購物的麻煩，而使用宅配訂購蔬菜及肉品，但是還是得費心想菜色，所以並沒有特別輕鬆。快煮餐的服務正好適合我，還能學到新食譜，真的很讓人開心。

【推薦商品→六十二頁】

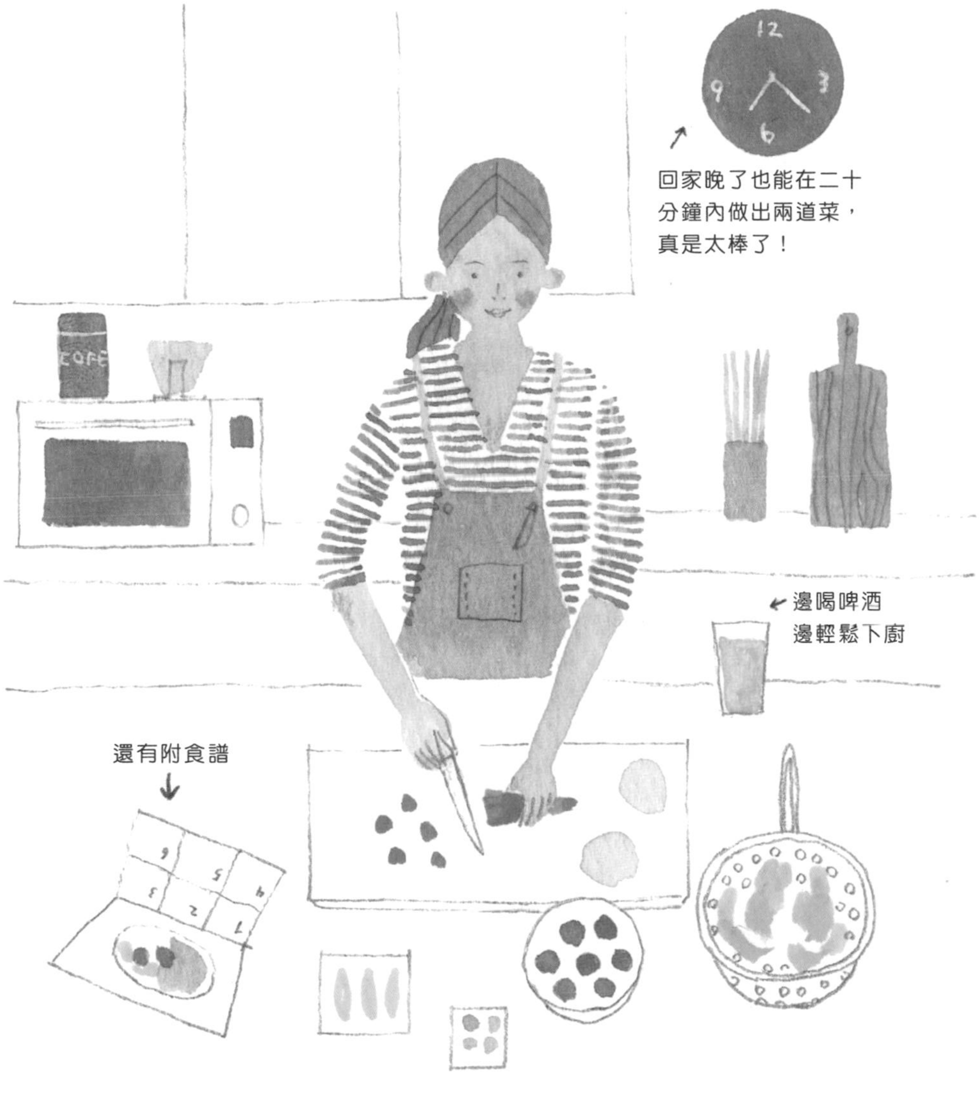
回家晚了也能在二十
分鐘內做出兩道菜，
真是太棒了！
邊喝啤酒
邊輕鬆下廚
還有附食譜

心得▶▶▶不再為食譜菜色煩惱，一整天都能心情愉悅。

教孩子自己做菜

要是我回家晚了，或是太累沒力氣下廚時，孩子也能自己下廚是最理想的。雖然也可以外食或買便當回家吃，但是我讀大學的女兒會透過料理網站Cookpad做出短時料理。問題是讀國中的兒子，偶爾吃泡麵是沒關係，但是要這樣生活可真是令人擔心。

我為了擁有自己的時間，希望他能多學會一些基本料理，而且現在是男性下廚也理所當然的時代。家事和肌力訓練相同，只要行動就做得到，持之以恆就能學會，所以我就先教他一些簡單做就能填飽肚子

小黃瓜鰻魚蓋飯

用豪華食材犒賞自己的蓋飯。不需要用到瓦斯爐，也沒有太多器具要洗。

1. 小黃瓜用鹽巴揉搓出水靜置。
2. 蒲燒鰻魚用烤箱加熱。
3. 把烤好的蒲燒鰻和大量醃好的小黃瓜盛在飯上就完成。

天津飯

居酒屋收尾時吃到的美味料理，食譜是請老闆教我的。

1. 在小鍋裡倒入和風高湯，以醬油、味醂調味後，加入太白粉勾芡醬汁。
2. 做出半熟滑蛋加在白飯上，然後淋上大量的勾芡醬汁。
3. 最後再淋上美奶滋，撒上蔥花就大功告成。

的食譜。

只要有雞蛋就能做出天津飯，現在的他已經得心應手。利用冰箱裡的食材，十分鐘就能搞定，做久了兒子也有了信心。小黃瓜鰻魚蓋飯、蔥花鮪魚蓋飯，也是只要有食材，鋪在飯上就能輕鬆完成的料理。

雞鬆蓋飯根據食材的不同，味道會有很大的差異，但是絕對是道能輕鬆完成的美味料理。最後，重要的是煮飯技巧，我家是用土鍋煮飯所以沒辦法一鍵搞定，所以我把米和水的比例，火候掌控的要訣貼在冰箱上，孩子們只要照著做就能煮好。

蔥花鮪魚蓋飯

加入芝麻油就能風味一變，即使偷懶也美味的蓋飯。

1. 切蔥花。
2. 把超市買回的鮪魚和芝麻油、1拌在一起。
3. 盛飯後，撒上切碎的海苔就大功告成了。

雞鬆蓋飯

常見的便當菜色，家人熟悉的味道。

1. 以砂糖、醬油、薑汁拌炒絞肉（把醬油換成魚露，就能變成打拋肉）。
2. 炒蛋。
3. 炒青椒絲。
4. 把1、2、3盛在白飯上就完成了。

聚會料理也能巧妙偷懶

女兒節、端午節、萬聖節及聖誕節、升上新學年、入學等慶祝活動，孩子還小的時候幾乎每個月都有活動。

但是這幾年會聚在一起的活動大概就只剩過年和孩子們的生日了，而且不再拘泥一定要在家慶祝或是親自下廚，慶祝方式更隨心所欲。心態上也從為孩子們做些什麼、或是款待他們，轉換成一起同樂。

比方說賞櫻時孩子沒有一起同行，只帶著零嘴到附近的公園輕鬆散步。生日會也不再拚命準備豐盛大餐，而是直接買肉品或牡蠣帶過去。兒子找朋友來家裡時，通常都是舉辦章魚燒派對，只要事先把材料都準備好，料理時不需要費什麼工夫。使用薄木片餐盒充當盤子，吃的時候用竹籤就很有風情，事後的整理也十分方便。

因為活動次數減少的關係，反而讓準備時間變長了。這次要做什麼呢？這種裝飾如何呢？和女兒、老公一起擬定計畫，偶爾一起去採買東西。即使平時的料理稍微偷懶，藉這種活動樂在其中也不錯。與其我一個人卯起來做，巧妙地借用家人們力量，才是最理想的做法。

1月

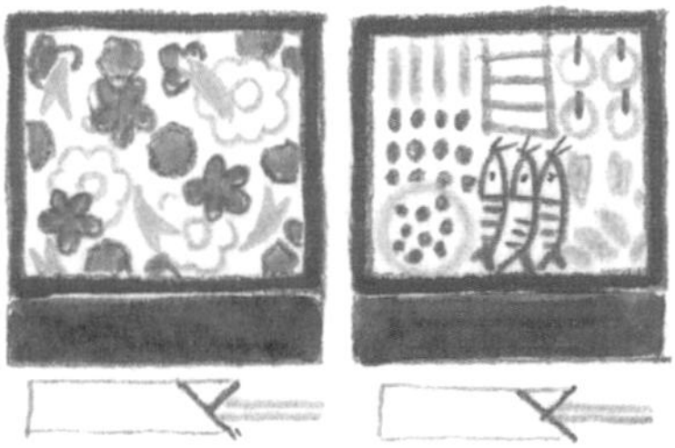

年節料理

料理：筑前煮（日本傳統年菜之一，九州福岡一帶的鄉土料理。）、栗金飩（日本傳統年菜之一，傳統和果子。）。婆婆、小姑和女兒分工合作。

輕鬆要訣：想吃黑豆、蜜汁核桃小魚乾，因為做起來很費工，乾脆在百貨公司地下街買現成的。

樂趣：裝盤要豐盛豪華。

2月

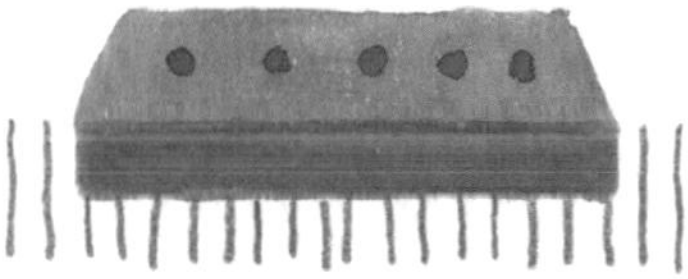

情人節巧克力蛋糕

料理：全家一起吃的巧克力蛋糕。

畢業：女兒讀高中時，每年要做一百個人情巧克力，現在總算結束這個慣例了。

3月

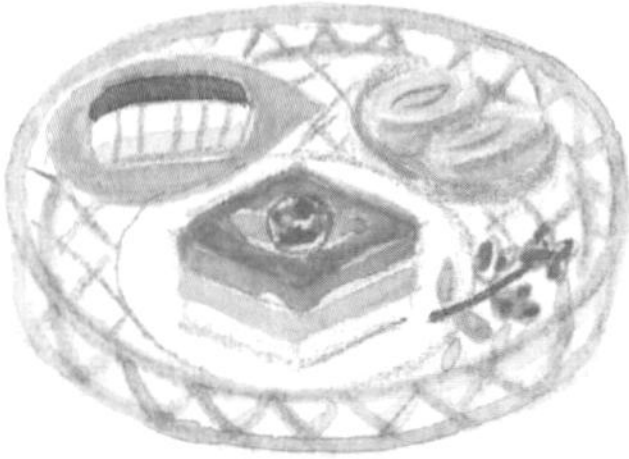

女兒節餐盒

料理：三色雛壽司、高湯蛋捲、烤魚。

輕鬆要訣：不用再準備食材極為費工的散壽司。換成雙色壽司飯，以及用盒裝牛乳就可以簡單完成的押壽司。

樂趣：用竹籃盛裝看起來就很可愛。

4月

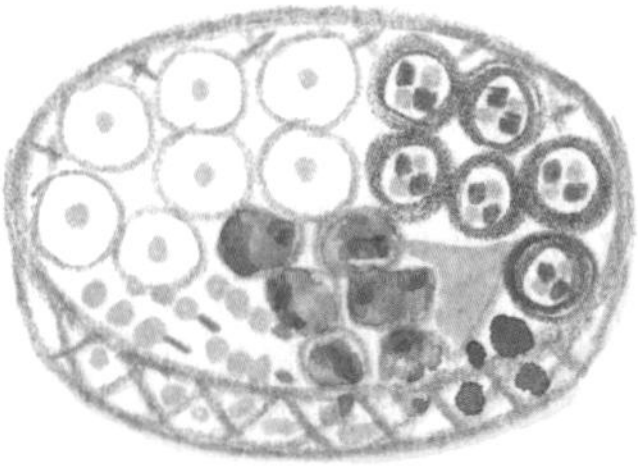

賞櫻便當

活動：孩子和家長們人數眾多的賞櫻聚會。

樂趣：簡單的配菜或市售的外帶餐點，享受大人們的公園午餐。

建議：使用直徑30公分左右的竹籃，就能營造和風感。

5月

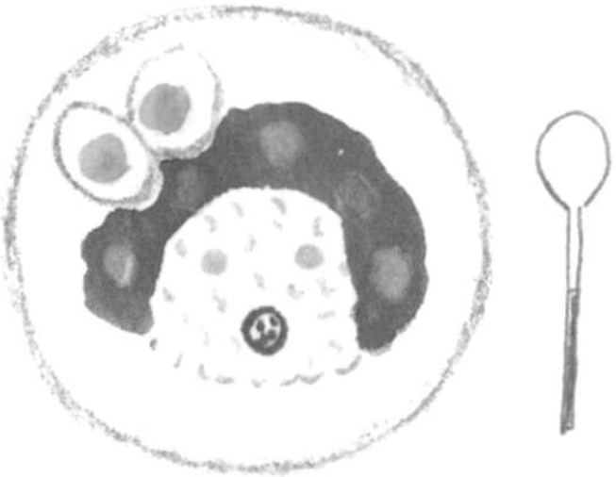

母親節咖哩

輕鬆要訣：母親節是由孩子打理晚餐。他們用煮咖哩飯代替禮物，餐後也由他們洗碗盤。比起收到禮物更令我開心。

6月

島根粽子

樂趣：丈夫的老家是在島根縣，習慣會在端午節後吃「笹卷」（粽子）。老公童年時的家庭例行活動，現在則是開心品嘗婆婆送給我們的笹卷。

7月

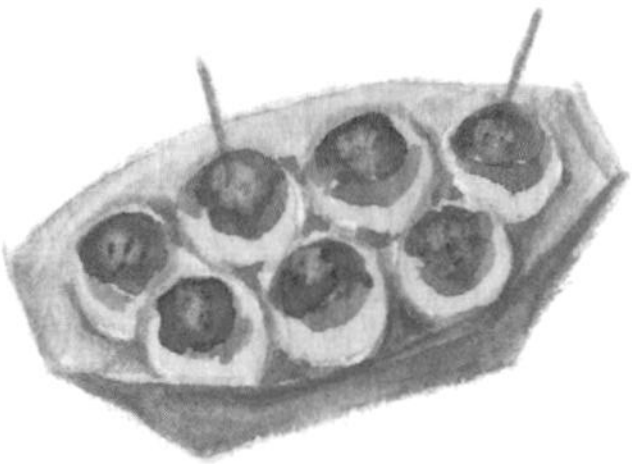

章魚燒派對

料理：兒子的生日照慣例是章魚燒派對。用高湯取代水來作粉漿是美味的祕訣。（推薦商品→62頁）。

輕鬆要訣：使用拋棄性的薄木片餐盒盛盤，事後整理很輕鬆。可以在亞馬遜網站一次大量購買。

8月

盂蘭盆節卷壽司

料理：卷壽司。

輕鬆要訣：不做費工的菜色。

樂趣：在網路上購買主要食材。一邊吃美食一邊聊天，氣氛更熱絡。我經常利用的食材網站是「POCKET-MARCHE」。

9月

新米秋刀魚餐

料理：鹽烤秋刀魚、蕈菇味噌湯和每年的新米。

樂趣：看著超市烤好的一整排秋刀魚，就是忍不住想買。這是我家秋天來臨的必備菜單。

10月

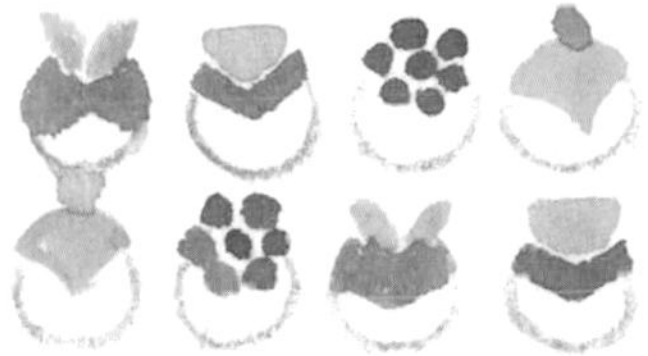

女兒的小球壽司

輕鬆要訣：女兒從15歲開始，每年都會為我做的生日料理。色彩豐富、圓圓的一口壽司，讓我度過奢華愉悅的一天。

11月

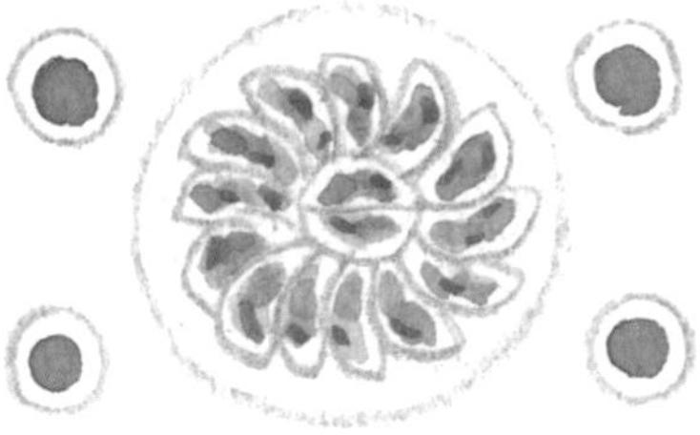

煎餃派對

料理：煎餃。全家一起包餃子，因為不是一個人做，就算數量很多也可以很快包好。

樂趣：加入紫蘇、蝦、小蕃茄等食材很好吃。煎的時候擺成花形，直接盛盤就很美觀。

12月

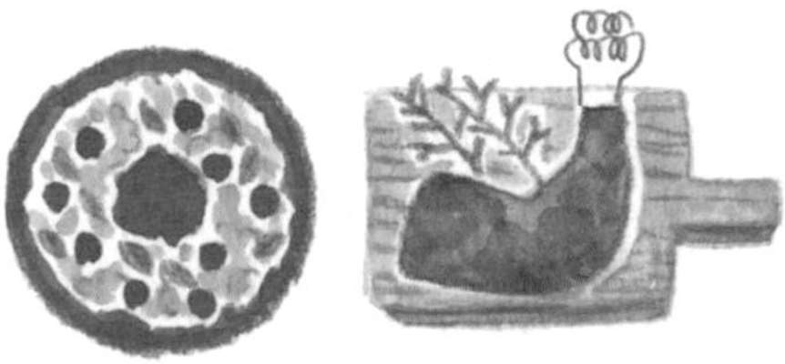

聖誕大餐

料理：沙拉。綜合沙拉葉、小蕃茄擺盤成聖誕花環沙拉。

輕鬆要訣：直接買現成的烤雞。雖然很多店都買得到，我最愛的還是家裡附近的烤雞店。

不再用棉質抹布！

孩子還小的時候因為皮膚過敏，所以不論是蔬菜或是衣物，都是挑選天然素材。抹布也是，我向來使用奈良蚊帳抹布或百分之百的純棉製品，洗好晾乾即可。但是廚房的抹布總是不太容易乾，在潮濕的狀態下，很容易滋生細菌，只好用開水煮沸或漂白。

講究生活細節的同時，如何樂在其中很重要，但是這一定是對的嗎？孩子大了之後，我突然察覺：講究環保或天然素材，或許是因為初為人母的不安。

如今我已經累積很多生活經驗，能夠迅速暢快地做完家事更重要。孩子現在都大了也沒有皮膚過敏的現象，沒有必要再堅持使用環保或天然素材。

這時，我有一位很重視清潔的朋友向我推薦了超細纖維抹布。因為能輕鬆拭去油污，讓水

三十多歲時

無印良品生產的落棉環保抹布

- 100%棉製品，適合自然風。
- 因為汙漬很容易附著，需要漂白很麻煩。

四十多歲的現在

超細纖維抹布

・吸水性很強。
・速乾，不用擔心滋生細菌。
・只要快速清洗，就不必擔心污漬，也不需要漂白！

槽立刻光亮，只要立刻搓洗就不會留下污漬。我雖然有些心動，卻因為不太喜歡抹布是桃紅、黃色或綠色等鮮艷的顏色，所以沒有買回來用。

後來是在汽車用品網站發現有灰色、茶色等較穩重的色彩，這麼一來放在家裡也不至於太突兀，於是立刻買了下來。

一用之下果然很滿意，最令我開心的是，速乾！以往我總認為使用天然素材是舒適生活的必要條件，沒想到換掉之後，也能達到同樣的效果。

【推薦商品↓六十二頁】

心得▼▼▼不過分追求天然素材，家事也能輕鬆舒適。

做得不好也沒關係，歡迎家人幫忙家事

與育兒相關的家事雖然減少了，但每天要做的家事還是很多。飯後的碗盤清洗、洗完澡的浴室打掃、洗四人份的衣服，只要活著每天就有家事。

然而，就算拜託兒子把碗盤洗一洗，他也不會連水槽和流理台一起清；拜託女兒打掃一下浴室，雖然洗了浴缸，牆面及排水口卻沒清理；拜託老公洗一下衣服，雖然有幫我晾衣服，卻不會幫我收進屋裡、折好收進衣櫃。「真是的！根本沒做好嘛！」我原本以為會變輕鬆，反而更焦躁。

因此我決定換個想法，前端的家事請家人幫忙，我則負責後續的收尾。決定好彼此的工作分擔，就不會覺得煩躁，只要幫到我可以接受的程度就很開心了。不但縮短了家事時間，最棒的是建立了互相幫忙的模式，心理上更有餘裕地對彼此說「辛苦了」、「謝謝」。

例如洗衣服

老公或女兒晾衣服

折衣服收拾等工作
我來做

洗碗盤時，我可以
收拾流理台周圍或
整理餐桌。
兒子邊洗碗邊聽
他喜愛的音樂。

心得▼▼▼做得不完美也沒關係，首先要對分擔家事表達感謝。

即使不會主動幫忙，但只要拜託一聲，
他就會老實地來幫忙。

一天不做家事更完美

整天無所事事，
不打掃也不下廚。

做家事或工作，不光是肉體上的勞累，連腦袋也會變遲鈍。「做了二十年的家庭主婦，差不多該休息了」，現在的我更積極地讓自己放鬆。現在只要覺得疲倦，我會放自己一天假，因為這是身體發出的求救訊號，有時候我還會一整天都穿著睡衣。

事實上，家人對於我這樣懶散一整天的情況也很開心。可能是因為平時我常要他們做這個做那個，覺得很囉唆吧？

當我把生活的步調慢下來，家裡也跟著放慢了步調，更輕鬆自在，「嗯，那我今天要來打一整天電動」，老公似乎不想輸給我，也開始無所事事，偶爾這樣其實很不錯。

這些轉變都是因為我把生活重心從孩子們身

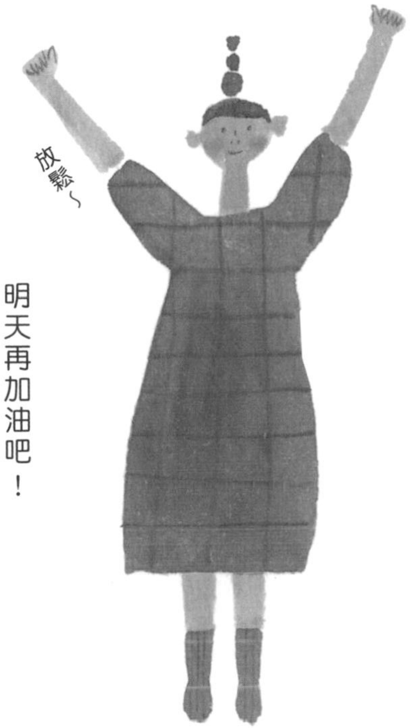

上，轉換到自己身上的原因。「為家人而活著的二十年，辛苦了」，躺在沙發上，我不禁深深感慨著。不做家事的這一天，我也不下廚，而是外食或叫外送，這些都是為了明天繼續努力的必要休息。

別忽視身體發出的休息訊號
一直不順時，正是休息的好時機，或是乾脆放棄。
試著依靠其他人，人不可能什麼都會。
和朋友講電話，發洩壓力。

心得▼▼▼生活步調慢下來，才能走得更長更遠。

丟掉笨重的吸塵器

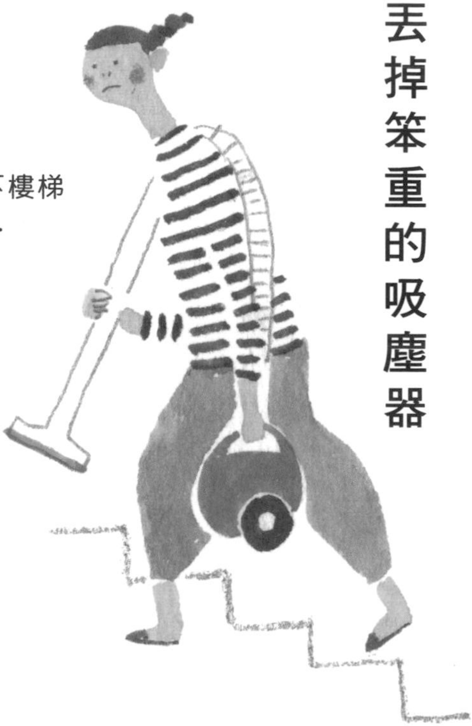

扛著吸塵器上下樓梯
真的很累人……

孩子大了，房間亂七八糟的狀況也減少了，正是時候丟掉笨重的有線吸塵器。於是我換了之前就聽說評價很好，MAKITA的手持吸塵器。方便性遠超出我的想像——重量大約只有一公斤，十分輕巧。

傳統吸塵器用起來非常耗體力，改良後的吸塵器外觀很纖細小巧，以往我都是收在離客廳有段距離的雜物間，現在則是掛在冰箱和牆壁間的縫隙。

因為拿取都很便利，只要覺得「啊，這裡髒了，拿吸塵器來吸一吸」，隨時都能輕鬆打掃。因為無線，所以在房間移動或上下樓梯也都很方便。

配合吸塵器，把吸力不強就無法吸起灰塵的

輕輕鬆鬆

長毛地毯丟了，換成可以在投幣式洗衣店清洗的地毯。因為生活型態的變化，重新檢視家電用品的需求，腳步也變輕盈了呢。

【推薦商品↓六十二頁】

MAKITA無線吸塵器

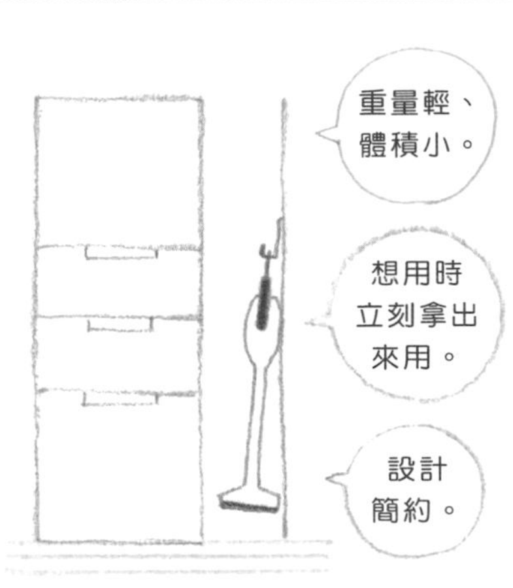
重量輕、
體積小。
想用時
立刻拿出
來用。
設計
簡約。

心得▼▼▼打掃要輕鬆，用具就要輕，一下子就能減輕負擔。

3C產品數量降到最少

攝影器材在這二十年間有非常巨大的變化，我們家為了不要錯過孩子的成長過程而拍下的VHS錄影帶多達一百支以上。

攝影機、錄放影機、連接線等，需要很多周邊設備。家人聚會時一起觀賞，或是拷貝一份寄給老家等，這些器材在孩子讀小學時頻繁使用，現在漸漸不用了。電視後方是積滿灰塵的電線，打掃時真的很麻煩。

為了在運動會、才藝表演時才用到的攝影器材，現在也用不到了，因為只要有智慧型手機就夠了。

拍下的影片上傳到YouTube，設定瀏覽權限，是和家人、朋友分享時最便利的方式。觀看時也是透過網路分享到電視機就能觀看，所以不需要錄影帶和DVD。

深深感受到時代變化的同時，就發現需要處分的物品相當多。除了不需要的攝影機、錄放

被取代的3C產品

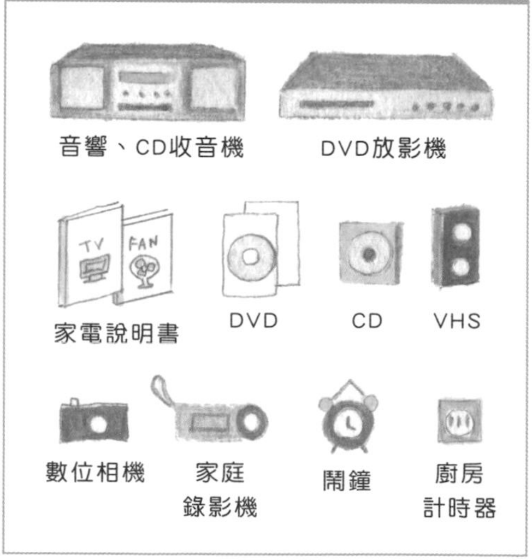

音響、CD收音機
DVD放影機
TV
FAN
家電說明書
DVD
CD
VHS
數位相機
家庭錄影機
鬧鐘
廚房計時器

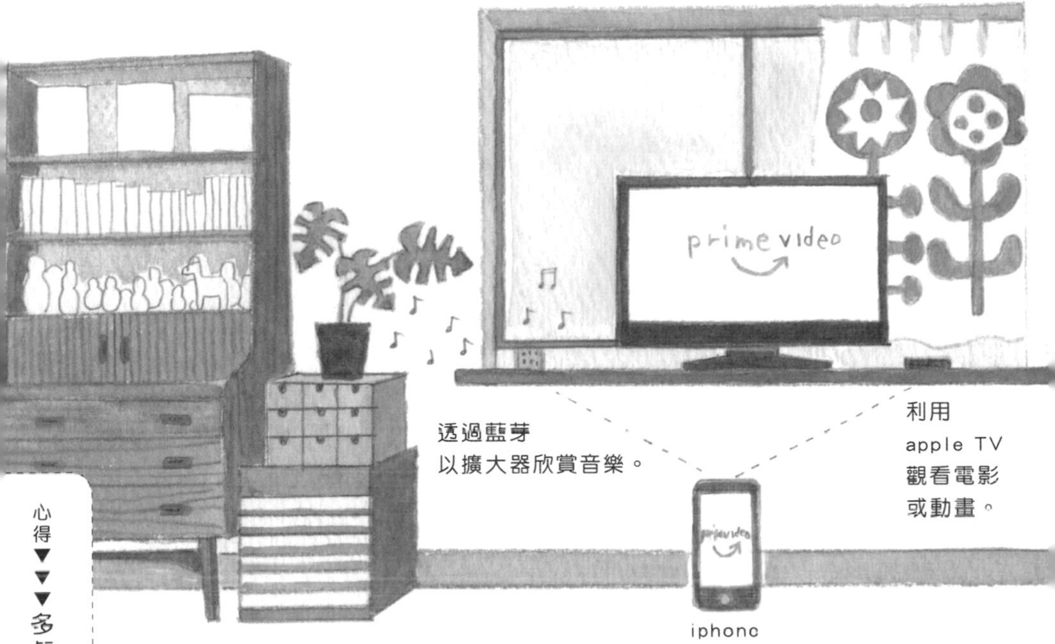
prime video
透過藍芽
以擴大器欣賞音樂。
利用
apple TV
觀看電影
或動畫。
iphone

影機、電線等等之外，還有各種說明書、燒錄資料的CD、DVD等。電視機也從映像管換成液晶電視，客廳變得清爽整潔。

現在每個人都有手機，觀看或攝影都是個人自由。透過日新月異的科技進步，生活型態有了很大的轉變，孩子們還會教我如何運用便利的app，這或許取代傳統和家人們一起看錄影帶的溝通方式。

心得▼▼▼多虧智慧型手機，不論攝影、觀看、打掃都變得很輕鬆。

空間的色調統一，心態更成熟

孩子們有了自己的房間後，客廳就不再需要以孩子為中心去思考擺設。在家時間最長的是我，既然如此，以自己為出發點布置客廳應該沒問題吧。所以我用沉穩的色調打造出大人的成熟空間。

如果整體空間看起來很孩子氣，不是因為物品數量，而是色彩數量，色調統一後就會產生很大的變化。即使東西很多，只要準備相同色彩的箱子收起來，看起來就會很清爽。

我家的客廳，矮桌、架子基本上都是以焦茶色為主，以這個為主色，占了六成，沙發的紅色為三成、觀葉植物的綠色一點五成，剩下的用抱枕的色彩作為點綴。雖然抱枕有很多顏色，只要色調搭配得好，就不會看起來雜亂。

顏色可以隨個人喜好，但主色最好是占比最多的顏色（例如大型家具），次要色則選擇深而沉穩的色彩，第三色則選擇能畫龍點睛的色彩。藉由次要色與第三色的選擇，能發揮自己的個人色彩。

無法統整成三種顏色的話，不妨稍微拉開距離觀察看看，有什麼看起來不協調、或是顏色很突兀？有可能是窗簾、抱枕、垃圾桶或面紙盒等小東西。只要拿走這些物品，就能讓整體看起來有一致性喔！

大人感的沉穩布置

外觀很有個性的
鹿角蕨就像造型
藝術品般。
不要把裝飾櫃
塞得滿滿的。
地毯要配合地板，
選用不搶眼的顏色。

befoer

彩色吊飾
各色花樣的抱枕
繪本、玩具塞了一堆

心得▼▼▼減少一些顏色，空間立刻變沉穩。

毛巾一律用灰色

想讓空間內的色調統一，最簡單的方法就是換毛巾。我們在孩子分別為八歲、十三歲時搬到現在住的房子，趁搬家時我就把色彩繽紛及卡通圖案的兒童毛巾全部丟掉，全部使用IKEA的FLODALEN系列，顏色選擇沉穩的灰色，浴室、洗手間立刻變身飯店等級。

要說沒有一點捨不得是騙人的，但是抱著捨棄孩子氣生活的心情，就能輕鬆地做出斷捨離。每天看著有可愛圖樣的孩童用品，就會覺得孩子還小需要自己照顧，因此即使只有一項物品也好，總之先替換再說。

統一色調和設計後，不僅在使用的時候，就連晾乾、折疊、收納的架子，看起來都不一樣了。居家風格變得更成熟了，孩子們也意外地對那些圖案物品沒有什麼迷戀，就讓我更換了新品。

重新裝潢或更換家具都是大工程，只換毛巾就能輕鬆做到。購買新物品換掉使用很久的舊物品，也能讓心煥然一新。

【推薦商品↓六十二頁】

心得▼▼▼色調統一更沉穩，孩子氣的感覺一掃而空。

before

家裡充滿兒童用的物品，
尺寸、花色都很零亂。

洗臉台的毛巾全部以灰色調
統一。顏色和尺寸統一後，
收納更清爽整齊。

種植物的喜悅

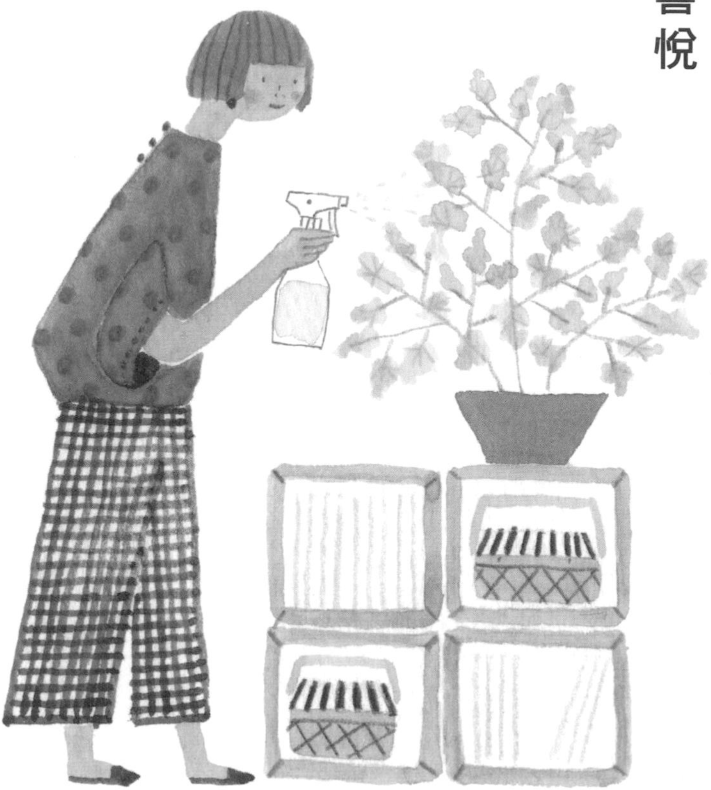

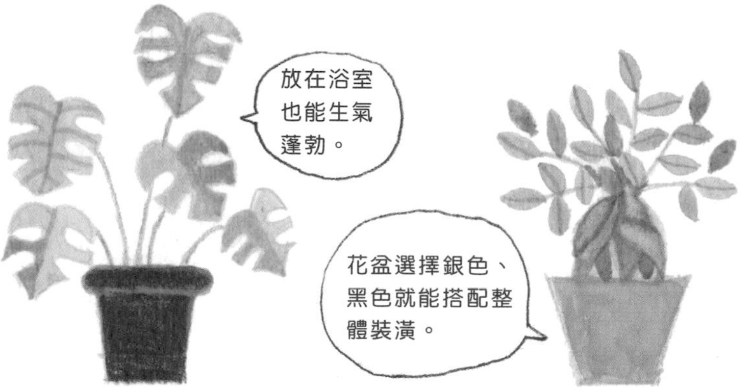
放在浴室也能生氣蓬勃。
花盆選擇銀色、黑色就能搭配整體裝潢。

蓬萊蕉　　細葉榕

栽種植物，能在心情低落時變得積極，也能轉化憂鬱的氣氛。種植最久的是陪伴我近二十年的同伴。

早上在晾衣服前就算只是欣賞一分鐘也能緩和心情。現在不需要費心照顧孩子，取而代之的是栽培植物的喜悅，看到花盆裡一片綠意盎然，是最療癒的時光。

室內也有栽種幾種植物，但和室外相較之下難度很高，也有枯死的經驗，所以後來就選擇酒瓶蘭、蓬萊蕉、松葉武竹、細葉榕、鹿角蕨、橄欖、一葉蘭等比較容易照顧的品種。

這些品種就算短時間放著不理它也照樣生氣蓬勃，即使外出旅行一個禮拜也不會有問題。種在陽台的薄荷、洋甘菊，因為是多年生草本植物，即使冬天乾枯，到了春天就會再度萌芽。從這些植物間長出來的鴨跖草、蛇莓、紫茉莉等雜草，雖然小小的卻充滿旺盛的生命力，為生活中帶來許多活力。

生長特別迅速的松葉武竹

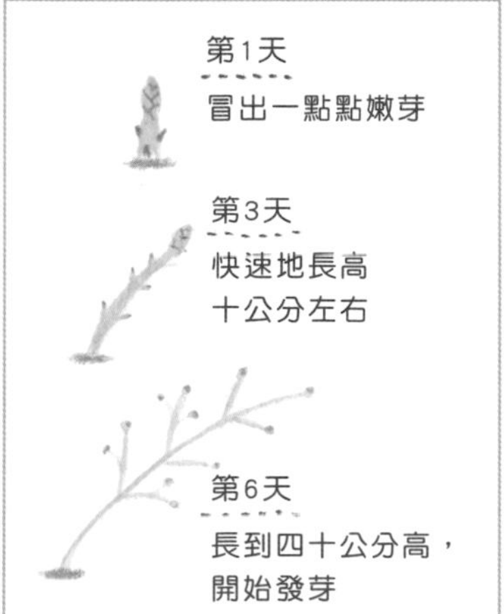
第1天
冒出一點點嫩芽
第3天
快速地長高
十公分左右
第6天
長到四十公分高，
開始發芽

手工小物添溫馨

在日本各地民藝館買來的
鄉土玩具

北歐生活用品店買來的
柳編籃子

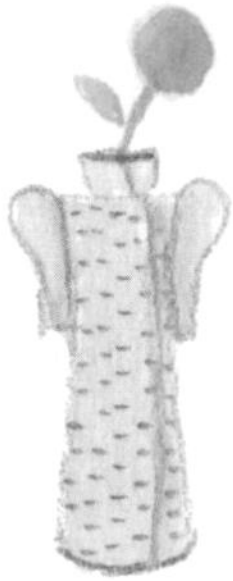

瑞典陶藝家
Lisa Larson
設計的花瓶
「Wardrobe Coat」

能用粉筆畫上數字的
黑板時鐘

初次造訪別人家時，若是玄關裝飾一點擺飾品，內心就會覺得暖暖的。這些看似不經意的物品，也能藉此窺見居住者的風格或享受生活的模樣。

手工製品能營造出溫馨氣氛。當然，日常生活用品雖然也有很多工廠生產的優良成品，但

岩手縣盛岡的雜貨店
買來的竹編垃圾桶

這些都是輔助生活的工具，並沒有能潤澤生活的物品。

在讓自己喘口氣的房間一角，或是每天都要使用的廚房窗邊，即使是小小的空間也沒關係，只要稍微裝飾一點手工製品，就能帶來內心的平靜。

我家的垃圾桶是在盛岡的雜貨店購買的竹編簍子。書架上裝飾著旅遊時蒐集的鄉土玩具。因為我很喜歡傳統泥偶，覺得疲憊時欣賞這些裝飾品就覺得很療癒。我也喜歡做手工，自製窗簾或抱枕套。每當有煩惱或有什麼事情卡住時，思緒放空做針線活的時間也是我最愛的時刻。

心得▼▼▼裝飾手工製作的小物，房間就能更有自我風格和溫馨感。

偶爾自己動手做

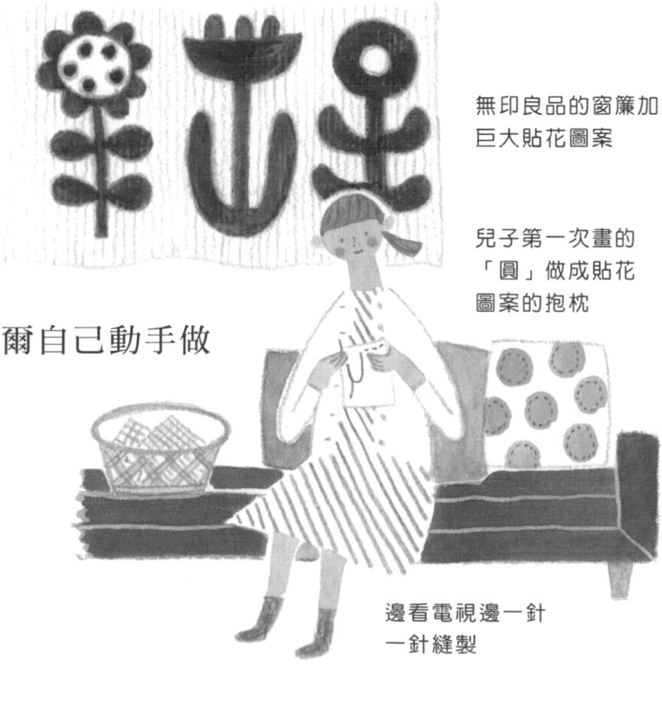
無印良品的窗簾加上巨大貼花圖案
兒子第一次畫的「圓」做成貼花圖案的抱枕
邊看電視邊一針一針縫製

Spring - Summer
無印良品
輕紗毯
IKEA抱枕套
BOOK

幫客廳換季，追求居家空間的極致觸感

每半年換季時拿出衣服，就像挖出埋藏的寶物般，有種熟悉感和新鮮感，每次都讓人怦然心動。

室內裝飾品也是一樣，換季時是件很開心的事。客廳主要以沙發周邊為主，直接接觸肌膚的布品一換季，舒適度就一下子提升。

春夏最適合觸感光滑的輕紗毯及棉製抱枕套，使用鮮明的原色系，外觀看起來很清爽。有點涼意的秋季來臨時，則換成羊毛毯及煙燻色系的抱枕套，最後再把收藏半年的地毯拿出來，就完成了冬季的居家布置。

Fall - Winter
KLIPPAN
羊毛毯
IDEE抱枕套
KLIPPAN圍毯

客廳呈現不同面貌時，生活節奏也能更層次分明，就會產生找人來家裡玩的念頭，那麼就會激勵自己努力打掃。

另外，裝飾櫃裡物品也要換季，春夏是植物、珊瑚，秋冬則是木製人偶或蠟燭等擺飾品。每天使用的茶杯則可以從玻璃杯換成陶瓷等。或許是因為我在家的時間很長，在生活空間中尋找樂趣、費心布置，即使只是小改變，也能讓我覺得幸福洋溢。

【推薦商品↓六十二頁】

心得▼▼▼編織物依據季節替換，能使生活舒適感迅速升高。

邀請客人，促進家人互動

這幾年，即使全家人都沒出門，也很少一起在同一個空間度過了。孩子們想待在自己的房間，工作忙碌的老公以休息來消除疲勞為最優先。我雖然不認為非得要一直在一起，但總覺得家裡有一種異樣的氣氛。

「既然這樣，讓家裡成為隨時有客人的空間吧！」，邀請親戚、友人來家裡，氣氛會變得活絡，家人間的對話時間更多。因此，擺放在客廳的物品就要盡可能收拾整齊、避免待洗衣物堆積如山，才不會在客人來訪前忙著整理。

另外，飯廳則準備了可以堆疊起來的椅子，以便來訪的人數多時可以迅速增加座位。這麼一來，來家裡喝茶的朋友變多，兒子的同學也經常到家裡借宿，女兒、老公之間的話題也變

多了。

夫妻間的距離感也有了改變，三十多歲時我只是與老公一起坐著看電視，現在雖然各做各的事，只要感受到對方的存在就好了。不要求二十四小時都要膩在一起、聚在一起說說笑笑，而是摸索出彼此覺得舒適的距離，這是一種很好的自然變化。

談天說地的
一群朋友
和朋友一起玩
線上遊戲
在同個空間
各自開心的方法

心得▼▼▼營造一個隨時歡迎訪客的環境，對增進家人感情也有好的效果。

當季的味道
是對自己最好的獎勵

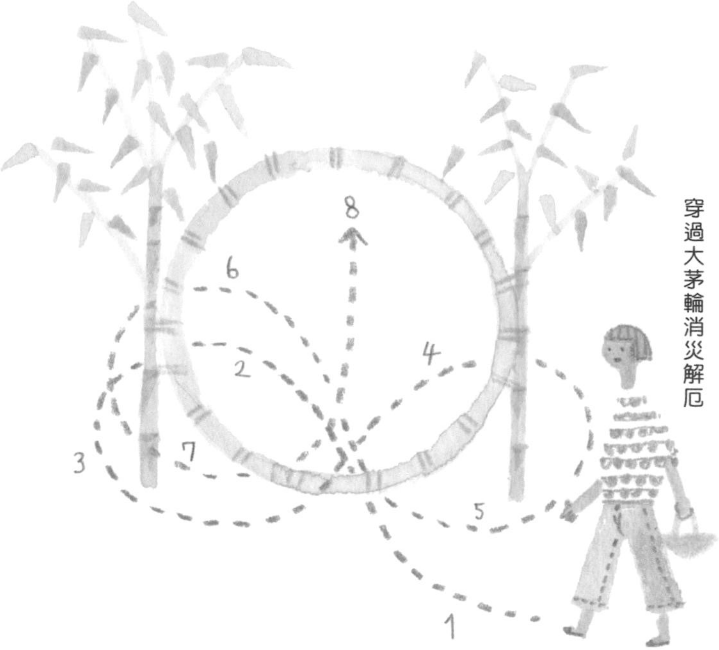

穿過大茅輪消災解厄

六月
參加「夏越祓①」
回程時品嘗「水無月」

象徵水的
「水無月」

透過食物感受季節變化，是生活中的小小幸福。在超市看到當令蔬果時，都會讓我雀躍不已，用當季當令的食材下廚，一半是出於我的樂趣，一半是因為可以讓孩子了解知識與傳統。也因為這樣，女兒甚至會在放學時，買章魚回家說：「因為今天是夏至。」

最近為了犒賞自己，我會在和菓子店品嘗甜點，就是小小的日常奢侈之一。

比方說六月，舉辦「夏越祓」時推出的「水無月」，就是只有這個季節才吃得到的清涼糕點。以前都是全家一起去神社參拜，回程買水無月在家吃。

如果大家時間配合得上還是會這麼做，但是通常可能各有各的安排，所以我會按照自己的步調慢慢來。今年也是在六月時，約朋友一起參加夏越祓祈求健康、解除災厄，順路去和菓子店，邊品嘗美食邊談天說地。

紫陽花餅是這個季節才有的甜點。

【推薦商品↓六十二頁】

①日本的傳統活動。每年六月最後一天舉行，祈求去除前半年的罪惡及汙穢和祈禱後半年的平安。

心得▼▼▼品嘗季節美食，犒賞自己。

從一家人的餐桌變成一個人的飯桌

最近一個人吃晚飯的日子變多了。雖然覺得有些寂寞，卻也變得自由。如果在外面吃，或許能夠轉移注意力，但我既沒有一個人吃飯的勇氣，也不想臨時找朋友去吃飯。到了六、七十歲要是能有一起吃晚餐的朋友就好了，這也是我對未來的一個憧憬（趁現在把它寫在想要實踐的願望清單吧）。

其實一個人在家吃晚飯也有不少優點。首先要洗的碗盤很少，不需要使用飯碗，用大盤子像咖啡廳的擺盤方式，要洗的盤子就只有一個。不用麻煩地準備四人份的餐具，水槽裡也不會囤一堆碗盤。

時間比較充裕的週末，就把買回來的小菜裝

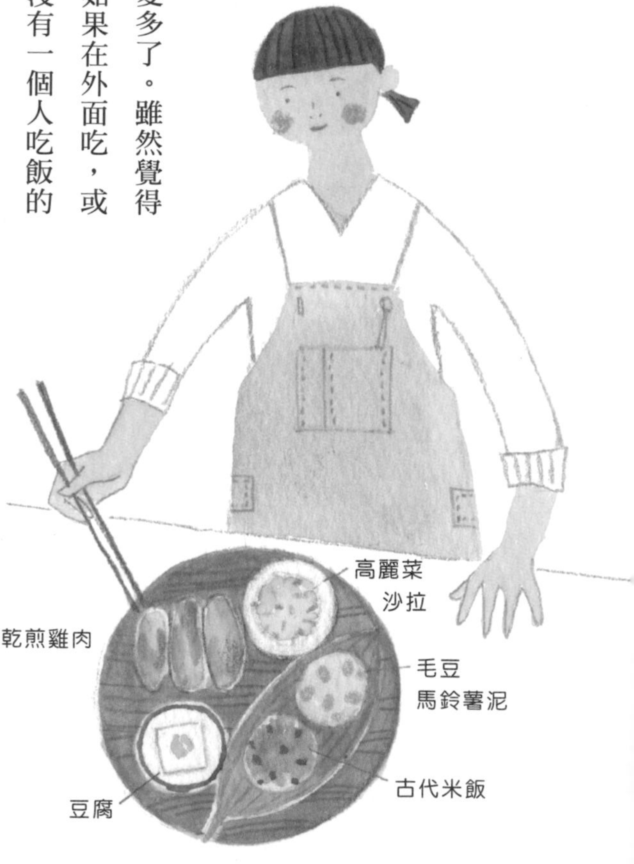

高麗菜沙拉
乾煎雞肉
毛豆馬鈴薯泥
古代米飯
豆腐

乾煎雞肉拼盤

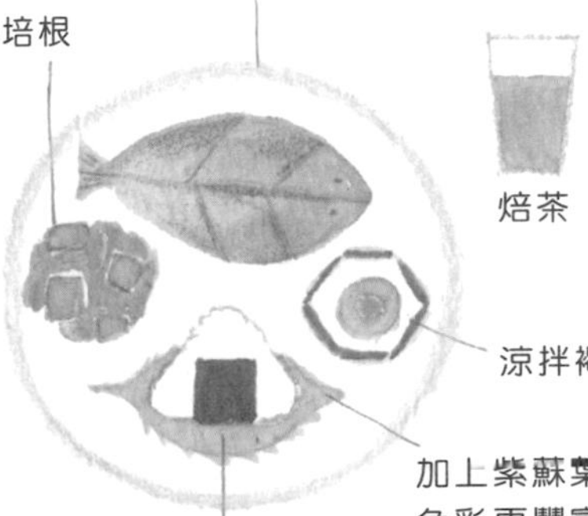
直徑27公分的
大盤子很適合
拿來當作拼盤
菠菜
炒培根
焙茶
涼拌褐藻
加上紫蘇葉，
色彩更豐富
御飯糰

炸魚定食

high
ball

小菜拼盤

大創賣的黑石板岩盤用來盛裝百貨公司地下美食街賣的五顏六色小菜，看起來很有趣味性，建議試試看。

在小碟子裡，拿來當作下酒菜就能享受居酒屋的氣氛。在家放鬆休息的時光，是最近才有的奢侈，這是消除一週疲憊，一個人平靜的放鬆時間。

回想起來，會講究擺盤或許正是因為開始一個人吃飯，買現成的配菜回家後，從盒子裡取出後擺盤的時光非常開心，若是裝飾季節性的花草，就會覺得更特別，彷彿專業廚師般。

之所以養成這樣的興趣，也是因為寂寞的緣故吧。想著孩子回來後可以當作零食而留下一些菜，即使已經飽了，還是會順便做點菜。只要習慣了，可能會覺得一個人輕輕鬆鬆比較好，目前還是覺得有些寂寞。

【推薦商品→六十二頁】

心得▼▼▼不習慣一個人吃飯時，不妨透過擺盤或犒賞自己小酌一下。

用回憶箱
讓另一半和小孩更獨立

我家的閣樓裡有六個箱子，放的是和小孩回憶相關的物品。剛出生時參拜神社所穿的和服、第一雙鞋子、以前很愛的衣服、第一次畫的圖畫、小學時寫的筆記、作文等，分別保管了女兒、兒子各種物品的回憶箱。

孩子們寫下剛學會的平假名、穿上手工縫製衣服的時候，管理孩子的物品，不知不覺間就當成自己的東西了。

其實這些原本都是孩子個性的一部分，整理這些物品，一一裝入回憶箱，帶著總有一天要還給他們的心情，對我而言也是放手讓孩子獨立的作業。

我預計在孩子二十歲時送給他們當作禮物。希望未來當他們的人生遇到挫折或猶豫時，打開這個箱子，能夠感受到他們是在被疼愛中培育長大，記得他們過去曾喜愛過什麼，成為他們回歸原點的提示。

我在回娘家收拾物品時，看到以前塗鴉的圖畫本或小學時的聯絡簿、國中時的交換日記等，也得到了救贖感。除了父母給的不曾改變的安心感，更強烈感受到現在的自己，並不是突然變成今天這個模樣，而是如同俄羅斯娃娃般，一層一層地形成今天的我。

【推薦商品↓六十二頁】

心得▼▼▼把孩子的回憶還給他們，讓孩子獨立也讓父母獨立。

第一次畫的圖畫或寫下的平假名、小一時的聯絡簿、作文、筆記等
小時候玩的玩具、洋娃娃
初次參拜神社的和服、具紀念性的衣服、鞋子
幼稚園到小六的圖畫作品
図画工作

送給孩子二十歲的禮物

明年，女兒就滿二十歲了。從她的成長過程中可以看出她擁有享受人生的才能，甚至常被身邊的人說：「總是看起來很開心的樣子。」我問她：「二十歲的生日想要什麼？」她回答我：「能永遠留下來的金屬製品！」金屬製品，指的應該是珠寶吧（笑）？

雖然還不確定，但我在考慮把母親給我的一個珠寶飾品，改成現代風格送給女兒。這麼一來，不但是世上獨一無二的設計，更可以成為親子三代聯結的禮物。

我想到的是夫妻一起設計珠寶的「Ryui」。他們擅長將舊珠寶重新設計，我曾經委託他們把鍊子和珠寶座舊了的項鍊照我喜好的風格重新設計。

孩子二十歲的分界點，對身為人母的我來說也是一樣。以後我被叫「○○的媽媽」的機會會越來越少，重新成為自己的時期即將到來。

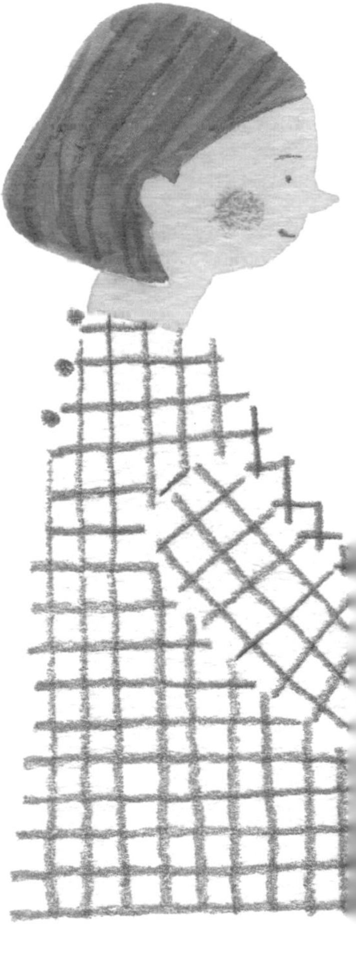

心得▼▼▼未來的生活重心，總算能回到自己身上了。

Column 1

讓媽媽和家事更輕鬆的便利小物

料理、打掃都不要過度勉強，適度就好，
介紹讓日常家事更輕鬆的物品。

meal kit（快煮餐宅配服務）

Oisix

附食譜，20分鐘以內就能做出兩道菜的食材組合包。只要把必要的材料依需要的分量放進鍋裡，家人也能輕鬆料理，非常實用。

和風高湯包

千代一番　40包裝　2,160圓

只需有這個高湯包就能做出美味料理，日常料理或年節料理都很合適，大超市都買得到。

燒烤醬 小瓶裝（330g）

YOSHIDA　950圓

用這個醬汁可以快速醃漬好食材，縮短炸雞塊或照燒料理的時間。可以在好市多或網路上買得到。

超細纖維抹布（±0select）

激落君　2條裝　540圓

快速清除髒汙的好幫手。只要立刻沖洗就不需要漂白水，也不容易染色，灰色放在家中也很百搭。

充電式吸塵器（CL182FDRFW）

牧田MAKITA　37,600圓

重量大約1.5公斤，非常輕巧。因為是充電式，沒有電線，打掃起來變得非常輕鬆，看到哪裡髒拿起來就能吸。

毛巾 FLODALEN

IKEA　毛巾（50×100cm）999圓

厚度適宜又柔軟，色調沉穩。放在浴室整體風格變很成熟。浴巾也是配合家裡的浴室統一成紫丁香色調。

抱枕套 CALEIDO

IDEE DALEIDO　40cm方型　2,808圓

居家用品IDEE設計的抱枕套。偏暗的色彩及高級素材，不同顏色放在一起非常漂亮。

直徑27公分的木盤

使用葉蘭或小碟子來擺盤剛剛好的大小。一個人用餐更有樂趣。

收納盒 TJENA

IKEA　35×50×30cm　990圓

附蓋子的紙製收納盒，有開手持用的小洞，所以移動也很方便。不用時可以堆疊收納，有白色和黑色可供選擇。

2 身體

——新的變化、新的保養

用無添加的香皂洗臉

過了四十歲後，變得很不喜歡人工香精的氣味，所以護膚用品的成分漸漸變得單純。雖然不可能完全排除，但會盡可能選用無添加的用品。不論化妝水、滋潤油的選擇都是一樣的，特別是洗臉用品。

以前我會被許多功效吸引，根據不同部位使用不同用品，現在則一律使用「泡泡玉親膚石鹼」，換了這個以後，乾燥、濕疹等肌膚問題全都消失了，價格也很親民。無添加的香皂反而比其他產品更滋潤，實在令我太驚訝了。不過，一定要沖洗乾淨，否則肥皂成分殘留在肌膚會有緊繃感。

洗臉後先抹上潤膚油，然後再擦上化妝水。我很喜歡先用潤膚油讓肌膚軟化後，再使用化妝水充分吸收的感受。另外，如果皮膚表面粗糙時，可以使用小蘇打製作速成的磨砂膏。

使用超市販售的食用級小蘇打比較安心，顆粒比打掃用的更小，能溫和去除肌膚角質。使用時用小茶匙放在手心，加上相同分量的蜂蜜和荷荷巴油混合，從在意的部位輕輕旋轉按摩。清洗後就宛如脫了一層皮般光滑柔嫩。

【推薦商品→九十頁】

純淨潔顏

荷荷巴油
小蘇打
蜂蜜

這三種放在洗臉台，
在特別保養時使用

成分單純的泡泡玉親膚石鹼，
到處都有賣，超開心！

心得▼▼▼換成純皂後膚質變好，而且價格很親民。

皮膚粗糙時使用小蘇打磨砂膏

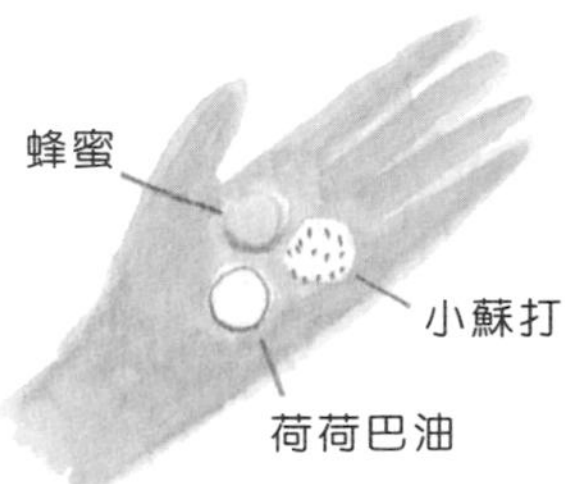
蜂蜜
小蘇打
荷荷巴油

手心分別放一小匙
混合，輕柔按摩臉
部後洗淨，就能使
肌膚光滑有彈性。

洗臉後先擦潤膚油

讓潤膚油滲透後

荷荷巴油

再擦化妝水

吸收力更佳！

停止使用洗髮精

我從小就是乾性肌膚，過了四十歲以後，常覺得頭皮發癢。一照鏡子，發現有很大片看似要剝落的頭皮屑。

我以為是太過乾燥導致，必須給予適當油脂，所以使用荷荷巴油來按摩，但沒什麼效果，而且髮際線乾巴巴，所以去皮膚科檢查，結果診斷出來是脂漏性濕疹。

上了年紀是原因之一，據皮膚科醫生的說法，皮膚變得敏感，所以以往使用的化妝品或香皂不合適了。

醫生說很多人因此額頭的髮際頭皮乾燥發紅、猛掉頭皮屑的狀況。乍看之下似乎是因為

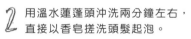

使用同一塊
泡泡玉親膚石鹼來
洗頭髮和洗臉

以泡泡玉親膚石鹼洗頭的方法

1 洗髮前先用梳子把頭髮和頭皮上的汙垢刷掉。

一開始用溫水可以洗掉70%的汙垢。

2 用溫水蓮蓬頭沖洗兩分鐘左右，直接以香皂搓洗頭髮起泡。

過度乾燥，其實是因為油脂過多，實在很令人驚訝。

因為頭皮出現這樣的狀況，所以改用了和洗臉相同的固體香皂。因為不容易起泡，所以洗髮前必須先梳一梳，然後確實用溫水沖洗過，這是目前最適合我的方式。換洗香皂三星期以後，頭皮濕疹完全消失，不再有發癢及頭皮屑的狀況。

為了避免毛囊阻塞，充分洗淨是一大重點。如果梳理時覺得乾澀，就使用少量潤髮乳來潤絲。另外，沒有充分吹乾也會導致油脂產生，造成頭皮產生黴菌，所以徹底吹乾非常重要。

【推薦商品↓九十頁】

心得▼▼▼自從改用泡泡玉親膚石鹼洗頭，頭皮困擾消失了。

4 用蓮蓬頭沖乾淨，讓檸檬酸潤絲充分滋潤頭髮後，再次沖乾淨。

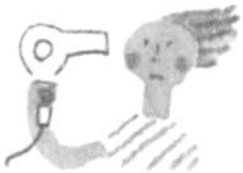

確實吹乾頭髮，避免黴菌滋生。

泡泡太少時，可以再用香皂及溫水搓揉。

3 邊搓揉出泡泡邊輕柔地為頭皮按摩。

染髮不必傷髮質

三十五歲後我就開始長白頭髮，過了四十歲以後，白頭髮急遽增加，幾乎占了一半。因為我還沒有滿頭銀灰髮的心理準備，所以現在還是會持續染髮。

但是，還是要注意不能讓髮質變糟，這時候正巧遇到南青山美髮沙龍「KAMIDOKO」的酒井雅代，她一看我的頭髮，馬上就發現我的頭髮狀況不太好。

酒井小姐和我同年，留著一頭光澤亮麗的長髮，幾乎沒有白髮。請教她保養的祕訣，她說：「一星期一次，使用草本海娜（Henna）染髮。」於是我立刻嘗試海娜染髮。

海娜的用法

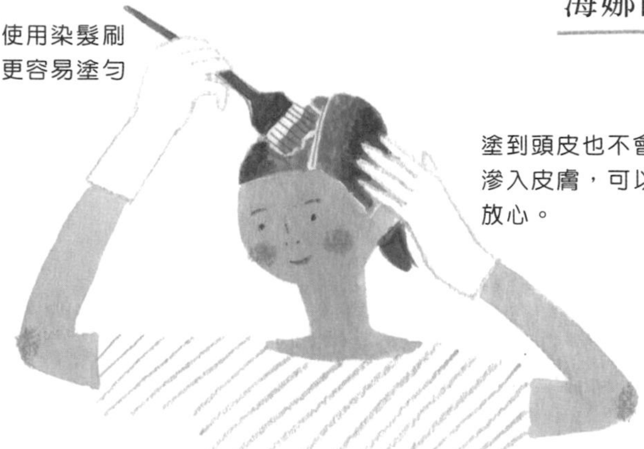
使用染髮刷
更容易塗勻
塗到頭皮也不會
滲入皮膚，可以
放心。
1 直接由髮根分區塗抹，髮根
全部塗抹後，再塗髮稍。

有機草本 R
100g 1200圓

在海娜中混合溫水
（比美乃滋再稀一
點點的程度）

首先最讓我滿意的是染髮成分很天然。過去使用過的化學染髮劑，總是要很小心避免塗到頭皮或沾到衣服，但是植物性成分的海娜，就算沾到頭皮或衣服也都洗得掉，對於個性大而化之的我而言，染髮變得很簡單。

三個月後，頭髮受損的狀況減輕，能夠感受到頭髮變健康了，今後我要持續用海娜維護健康的頭髮。

【推薦商品↓九十頁】

2 戴上浴帽，靜待一小時。

3 用熱水確實沖乾淨。
※這時候不要使用香皂。

每週一次，持續三個月後

- 頭皮搔癢、掉髮的情況變少。
- 髮根也充分上色，可以編辮子、也可以挽高，做各種髮式的變化。

以前無法編髮，
現在可以了

心得▼▼▼用海娜染髮，髮質不容易受損。

視力變差？那就改變生活作息就好啦

視力變差這件事漸漸造成生活上的麻煩，離遠一點能看得見，近一點卻反而模糊；或是近一點看得清楚，離遠一點卻模糊了。老奶奶把老花眼鏡移到頭上湊近看著報紙的心情，我現在切身體會了。

家人睡著後看電影原本是我的小確幸，現在也不一樣了。現在喜歡走到哪都能看的手機或平板電腦，小小的畫面看字幕也沒問題，房間昏暗一點覺得氣氛比較好，就把照明關掉。但是這麼一來，藍光對眼睛的傷害更大。

尤其是要特別注意距離，比方說兩公尺和

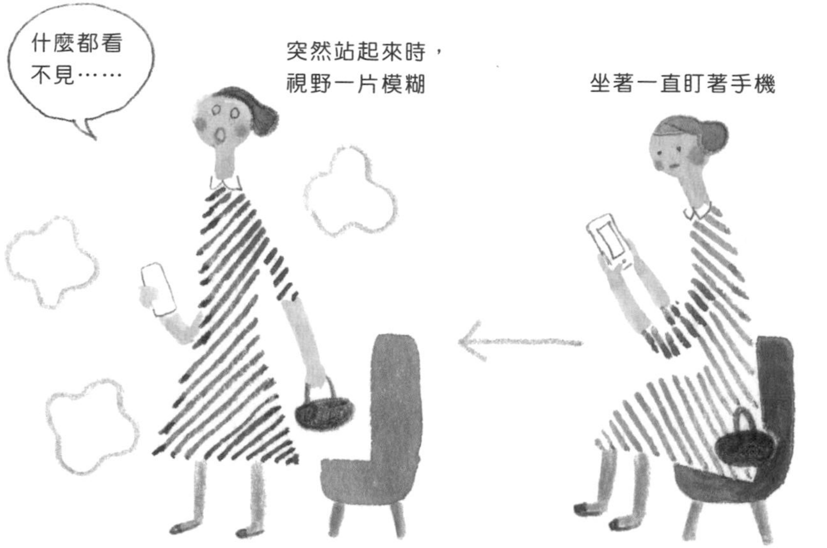

什麼都看不見……
突然站起來時，視野一片模糊
坐著一直盯著手機

二十公分的距離相較下，影響將近一百倍。確實，為了查詢某些資料，眼眼太靠近手機，一抬起頭的瞬間，視野就會變得有些模糊，再加上乾眼症的關係，長時間盯著電腦，眼睛就會乾澀變紅。

我現在就不在手機上看電影了，而是保持適當距離看電視。另外，電腦作業也是每隔一小時休息十五分鐘，避免長時間盯著電腦螢幕。年輕時沒有的手機，現在成了不可或缺的同伴，為了能天長地久地相處，就要保持適度的距離。

心得▼▼▼因為無法完全不使用手機、電視，那就要注意使用時間和距離。

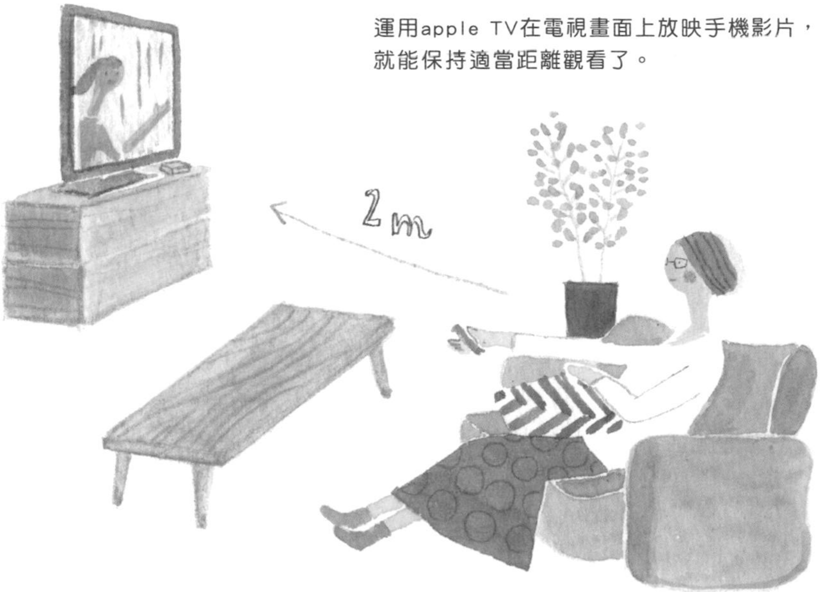

運用apple TV在電視畫面上放映手機影片，就能保持適當距離觀看了。

齒科清潔的產品要配合牙齦狀況

隨著年齡增長，令我在意的另一件事是牙齦萎縮。雖然不至於明顯到立刻看得出來的程度，但我會在飯後去化妝室開始清潔牙縫。

平時保養不可缺的是牙線。我偏好的是美國Dentek的「flosspick」。這個牙線很柔軟，碰到牙齦也不會疼痛，而且不是線捲型，而是有柄的手持型，所以使用十分方便。

它分為前牙與後牙專用的牙線棒，使用起來更容易，清潔時要緩慢輕柔、左右摩擦，讓牙線慢慢滑到牙齒之間，在一顆牙齒的側面上下拉動。我曾在牙科聽醫師說「刷牙只能清除六成的牙垢」，像這樣與牙線併用，據說能清潔八成以上的牙垢。

牙刷使用牙科推薦的「Ci Medical」後，不費力就能刷乾淨。因為不會傷害牙肉，所以能減少出血。

因為價格親民，所以能經常替換。潔牙工具變得更便利後，總是很仔細刷牙，蛀牙及牙周病的症狀也減少了。為了今後也能充分品嘗美食，牙齒還是要從年輕時就好好照顧。

【推薦商品↓九十頁】

心得▼▼▼在意因為牙齦萎縮而形成齒縫時，建議使用有柄的牙線。

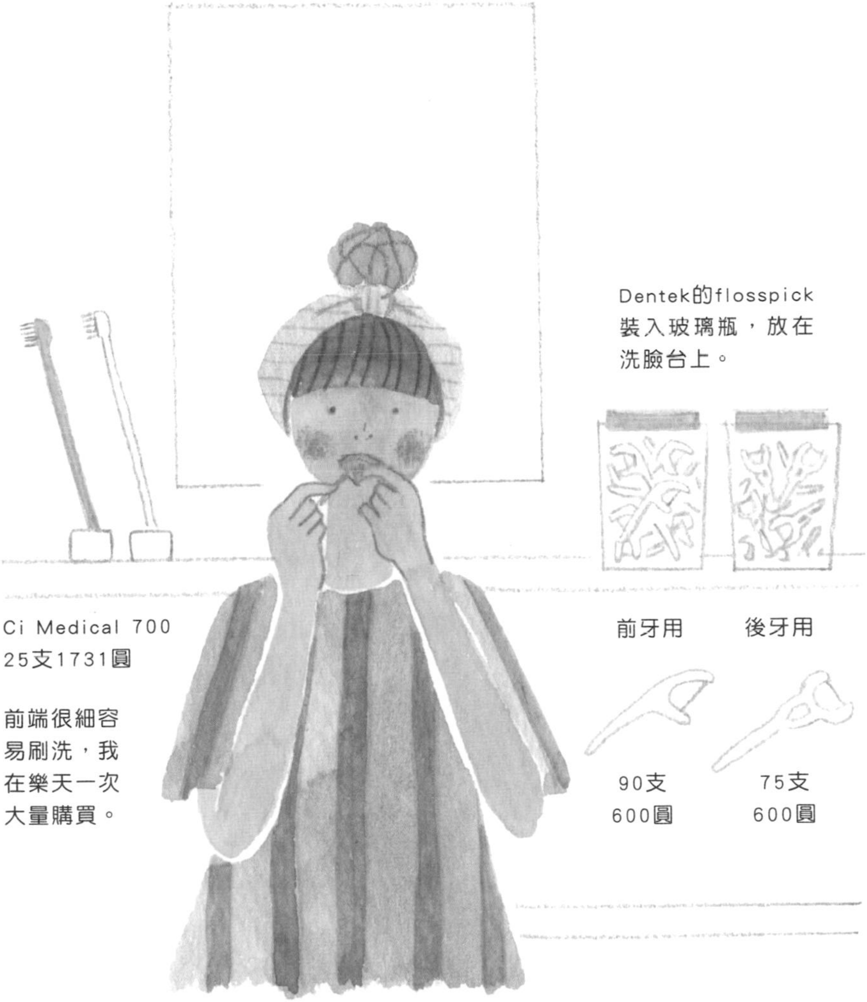
Dentek的flosspick
裝入玻璃瓶，放在
洗臉台上。
Ci Medical 700
25支1731圓
前端很細容
易刷洗，我
在樂天一次
大量購買。
前牙用
後牙用
90支
600圓
75支
600圓

尿液的氣味和平時不同

及早
就醫！

免疫力下降，
有可能引發膀胱炎？

睡覺時腳抽筋

每天走
8000步。

可能是運動不足，
明天就開始健走。

提早應變
就不會囤積多餘壓力

一再自欺欺人、逞強努力，雖然精神上能勉強支撐，肉體卻未必跟得上。不要一味地對自己洗腦「沒問題，我還能努力」，而是應該在警訊發生時，及早應對。

比方說，睡覺時腳抽筋，通常是運動不足的警訊。據說是因為新陳代謝變慢，如果沒有刻意去活動肌肉，身體需要的運動量就會不足。

另外，即使心想「還可以再努力一下」，只要肩頸有酸痛感，就不要勉強自己，停下來休息吧。就是因為這樣，我很少感冒，也不會再突然發高燒了。

微微發燒

總之先睡再說！

顯然身體已經很疲累了！
今天就好好休息。

起疹子

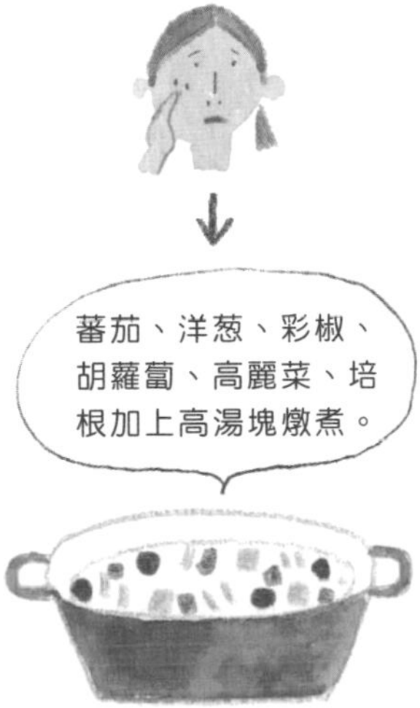
蕃茄、洋蔥、彩椒、胡蘿蔔、高麗菜、培根加上高湯塊燉煮。

可能是營養不均衡，
今天晚上燉個蔬菜湯。

我能夠像現在這樣及早應對，其實是因為我曾有過非常傷心，沒和任何人說，一個人沮喪的經驗。

當時覺得時間彷彿凝結了，然而身體卻大唱反調，突然咕嚕咕嚕作響。我很訝異即使在這麼傷心的時刻，肚子仍然會餓，我的身體並沒有停下片刻，它在提醒我需要營養。

稍微吃了一點東西後，悲傷的心情雖然沒有馬上恢復，但是有了體力，灰暗的情緒彷彿找到出口。發生這件事以後，當精神狀況非常負面消極時，我就會先讓身體動起來，試著讓身體保持良好狀況，就能帶動心情好轉。

心得▼▼▼精神不振時，先從改變身體狀態開始。

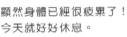

定期做健康檢查

我因為怕麻煩，所以快十年沒做健康檢查。但是有貧血的自覺症狀。從好幾年前就有想吃冰塊的「食冰症」，據說這是體內缺鐵而引起的異食症。

我因為子宮肌瘤所以經血量特別多，有時甚至一天可以吃一大碗冰塊。明知對身體不好，但是覺得冰塊特別好吃，怎麼也戒不掉。我心想這麼下去也不是辦法，於是去診所接受健檢。檢查結果不出所料，血紅素數值只有正常值的一半，確定是缺鐵性貧血。

醫師開了鐵劑給我，才持續服用一星期，就立刻見效。原本覺得好吃到不行的冰塊，現在只覺得又冰又硬。

味覺也改變了，原本完全沒有感覺到冰塊或水中所含的氯，現在也能明顯察覺。淺眠的原因也是貧血造成，吃了鐵劑後有所改善，變得能夠熟睡，身體更輕盈。

健檢能夠了解身體健康的數值，了解必須立刻治療的部位，我希望往後也能每年健檢有助於健康管理。

心得▼▼▼健康檢查千萬別偷懶！

檢查後確認是

貧血！

血紅素6.1，
只有標準值的一半。

鐵劑
100mg

服用鐵劑就不愛吃冰了，
身體更輕鬆，
真的很驚訝。

用呼吸把疲憊、壓力吐出去

你有注意過自己的呼吸嗎？工作或做家事時，回過神來才發現呼吸又短又淺？因為太專注眼前的事而屏住呼吸，沒有確實吸吐。人如果沒有特別注意的話，就不會深呼吸。

但是，只要刻意去做，隨時都能進行深呼吸。當疲倦、煩惱和煩躁時，不需要藉助任何工具，只要記住深呼吸，真的十分方便。

我建議大家做的是，讓腹部吸氣膨脹的腹式呼吸。還沒習慣時，可以把手放在肚臍兩側，比較容易感受到腹部膨脹的狀況。

吸氣時間沒有固定，在做得到的範圍內即

腹式呼吸法　效果 >>> 促進血液循環、放鬆、按摩內臟

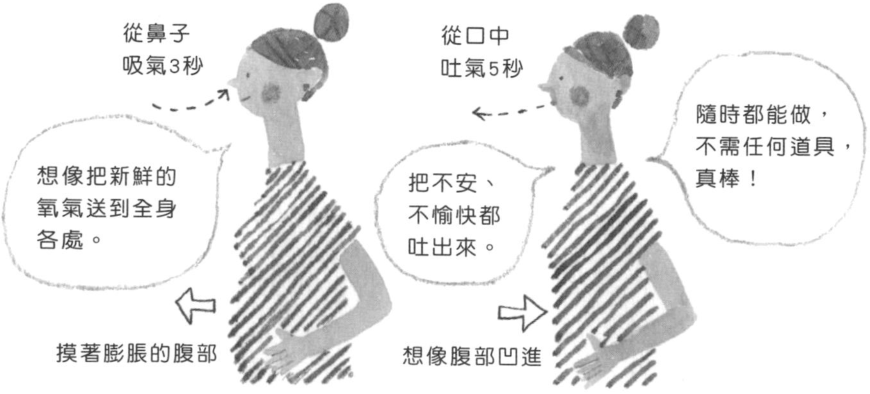

從口中
吐氣5秒
隨時都能做，
不需任何道具，
真棒！
把不安、
不愉快都
吐出來。
想像腹部凹進
從鼻子
吸氣3秒
想像把新鮮的
氧氣送到全身
各處。
摸著膨脹的腹部

1
從口中吐氣5秒

2
從鼻子吸氣3秒

可。我是吸氣三秒、五秒吐氣。重複兩、三次，就能讓氧氣繞行全身，調整心律，心情會變得很舒服。

尤其是當有很多必須要做的事，卻無法集中注意力時，記得慢慢深呼吸，就能讓思緒漸漸穩定。

能夠冷靜判斷事情的輕重緩急，心態也能夠更積極正面，正視原本拖延的事情，努力以對「好，就來進行吧」。到山上、海邊或神社等空氣清新的地方當然也能洗滌身心，日常的深呼吸也能達到相同的效果喔。

心得▼▼▼就像為體內換氣般慢慢深呼吸，思緒和心靈都能變得更清晰透徹。

單側鼻交互呼吸法　效果 ⟫ 增加往腦部的含氧量，使注意力更集中

持續到心情平靜為止。
據說一天呼吸兩萬次。

1
背脊挺直，讓呼吸能貫穿全身的姿勢深呼吸，鼻子用力吸一口氣，然後吐氣。

2
吐淨後，以手捏住鼻子兩側，放開按住右側鼻子的食指，花☆秒吸氣，☆秒吐氣。

3
食指重新按住，接著放開按住左側鼻子的大拇指，重複2的動作各呼吸☆秒。最少重複X次。

熱瑜珈的好處

四十歲後全身各處開始漸漸乾燥，平時沒在用的肌肉也變得僵硬。只靠化妝品和速成的按摩根本無法挽回，但是我又不喜歡激烈運動，要定期進廠保養的醫美對我來說門檻又太高。

目前，唯一能讓我持之以恆的是熱瑜伽。室內有如三溫暖般溫度偏高，比一般瑜伽容易做到的姿勢更多，運動量也很充足，讓身體排汗是一大魅力。全身的肌肉在高溫的房間裡，比想像中的更柔軟。

把專注力集中在呼吸上，讓腹部如氣球般膨脹，往上延伸拉直右側腰部，汗水竟然從指尖流下。因為已經快二十年沒運動了，都快忘了身體該怎麼動，每次的熱瑜伽都讓我驚喜地發現，原來肌肉可以伸展到這個程度！

課程雖然不到一個小時，但是因為大量排汗，就像把所有身體不需要的東西全部排出，非常痛快。課程結束時就像重生般，心情愉悅。推薦給很久沒運動，或是討厭運動、很久沒流汗的人。

【推薦商品↓九十頁】

老師身體優美的曲線
真令人羨慕……
這麼難的動作
一個人絕對做
不到，還好有
來教室。
好痛苦。
教室大約有15名
學生，因為會在意
陌生人的眼光，所
以更努力。
看到鏡子裡自己過胖的身材有點
沮喪，但運動後心情很愉快。
身材好像
煮章魚飯
糰……

心得▼▼▼運動難度低又能確實排汗是熱瑜伽的優點。

理想體重：身高減一百

四十歲後，身材隨著年紀增長漸漸變圓。年輕時還不曾超過五十公斤，過了四十歲以後，體重再也沒有回到四十開頭了。我的身高一百五十三公分，用身高減一百的體重當作標準的話，我的體重五十三公斤還在容許範圍，但我竟然越過這個界限。「糟糕，這麼下去不行，這麼下去會變成歐巴桑身材」，所以我決定減肥。

首先要從對現在的體型有自覺，熱瑜伽就是其中一環。透過運動提高代謝當然是其中一項目的，和其他曲線窈窕的學員相比，就能產生很大的刺激。

目前我成功達成一個月瘦兩公斤的目標。配合運動檢討飲食習慣，盡可能不吃零食，晚飯只用白飯配納豆或豆腐這類減肥餐。不過，一直都以這個方式努力，一旦遇到挫折就前功盡棄了。

尤其是第一天最辛苦，因此我這次特地採用「甘酒斷食（左頁）」，肚子負擔減輕了，隔天開始就能節制飲食。

我在記事本裡寫著「擺脫三分鐘熱度的七大守則」，時時提醒自己要注意。每當感到挫折時，就重看一次守則來維持動機。減肥就怕過度勉強，我期待著恢復理想體重時，或許能重現隱藏了四十五年的鎖骨。

【推薦商品↓九十頁】

只限第一天的甘酒斷食

RULE

- 一整天只喝早、中、晚各一杯（300ml）自製甜酒。
- 也可以用豆漿、水果來取代。
- 喝水沒有限制。

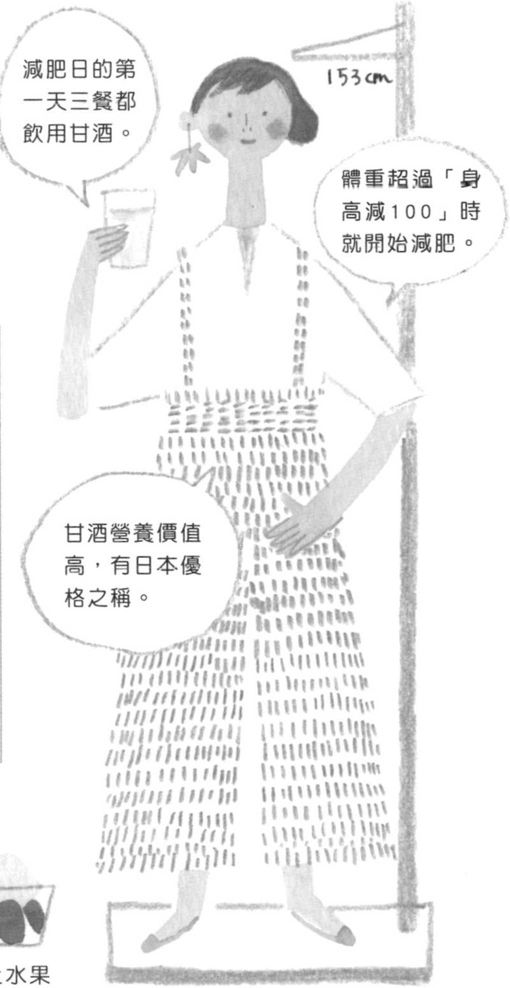

153cm
減肥日的第一天三餐都飲用甘酒。
體重超過「身高減100」時就開始減肥。
甘酒營養價值高，有日本優格之稱。

材料（1公升分）
米一杯、水800cc、米麴200g

作法
1. 煮一杯米的飯，再加入水煮成粥，煮好後放涼至55℃。
2. 放涼後撒入米麴拌勻，不時攪拌，維持55℃，放6到8小時就完成了。可以直接食用，或依個人喜好調得更濃稠或更稀。

保溫的方法
我用的是LC鍋，粥煮好以後蓋上鍋蓋，再用有棉襯的風呂敷包起來，大約三小時後會降溫到55℃以下。再次加熱，用風呂敷包起來保溫。

甘酒變化

兌薑汁
兌豆漿
兌青汁
加上水果

擺脫三分鐘熱度的七大守則

1. 每天早上量體重，記錄在表格裡
2. 每天喝兩公升的水
3. 每週三次走8000步
4. 平常日忍耐不喝酒
5. 晚餐以納豆或豆腐代替白米飯
6. 用半身浴充分排汗
7. 晚上11點上床睡覺

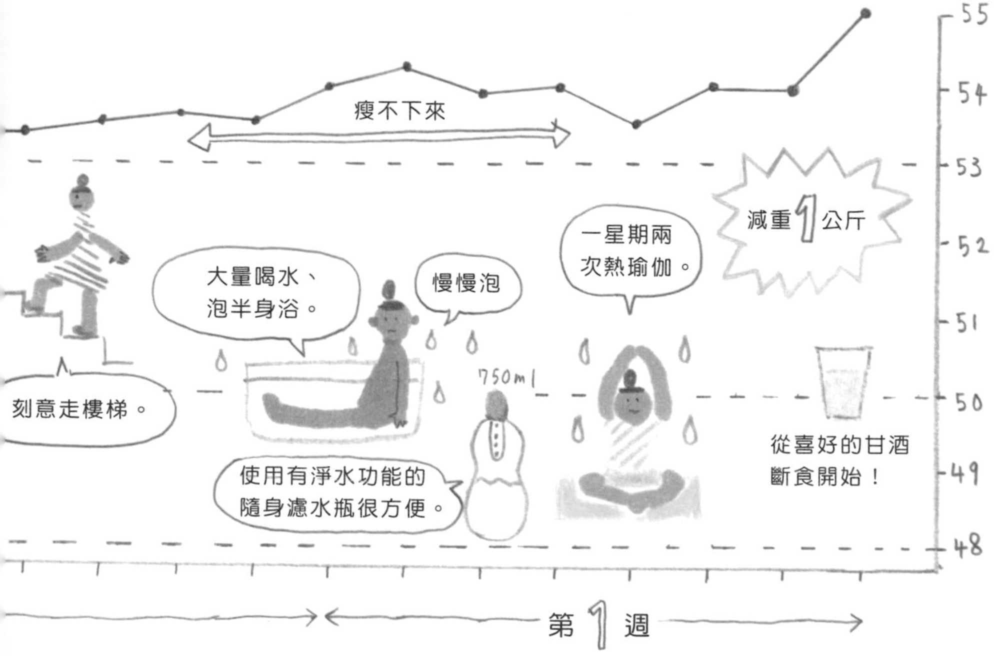
55
54
53
52
51
50
49
48
瘦不下來
刻意走樓梯。
大量喝水、
泡半身浴。
慢慢泡
750ml
使用有淨水功能的
隨身濾水瓶很方便。
一星期兩
次熱瑜伽。
減重1公斤
從喜好的甘酒
斷食開始！
第1週

輕鬆

促進循環的體能鍛鍊用品

貼著脊椎，
刺激肩胛骨。
矯正歪斜身體，
回到正確位置。

Stretch Pole健身棒
9180圓

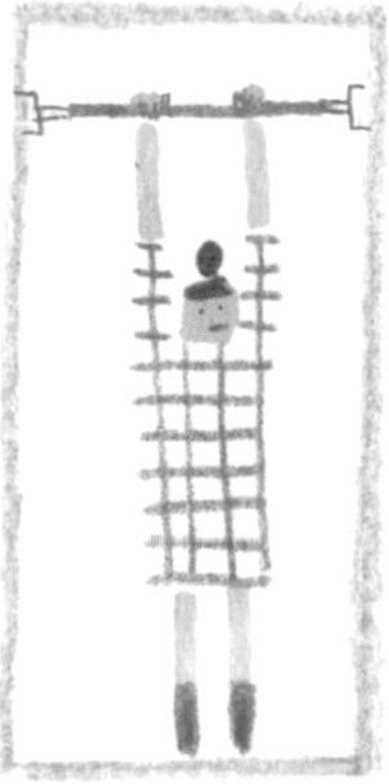

門上單槓
ASTARTE 2180圓

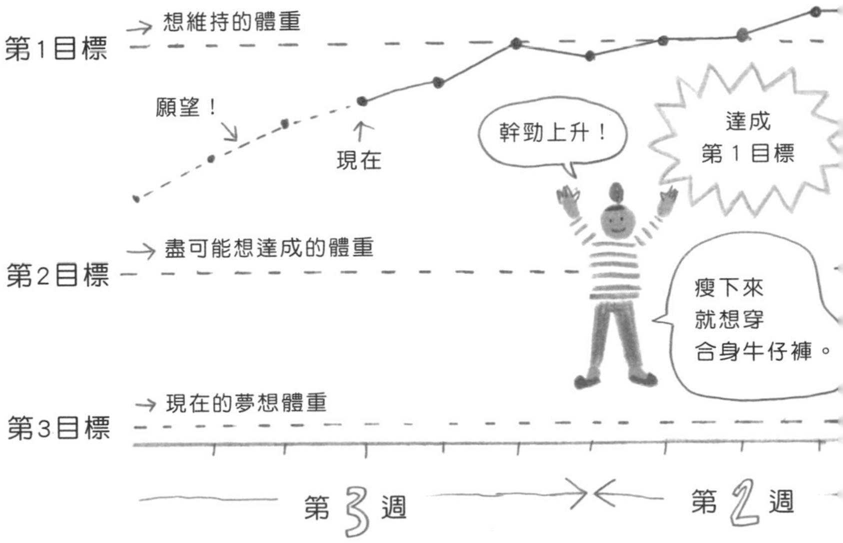
→ 想維持的體重
第1目標
願望！
現在
幹勁上升！
達成
第1目標
→ 盡可能想達成的體重
第2目標
瘦下來
就想穿
合身牛仔褲。
→ 現在的夢想體重
第3目標
第3週
第2週

自製簡單療癒的香氛膏

我常年愛用的身體保養及放鬆產品是精油。要製作出一百克的精油的話，需要十到二十公斤的薰衣草花穗，或是三百到五百公斤的玫瑰才行。因為純度高，所以香氣純粹，聞一下就能讓身體的疲憊得到解放。

最近有很多精油專賣店，但是不是價格昂貴就是品項太少，因此我在網路上購買還在預算內的精油，再用軟膏加工。我常利用的網站是「iHerb」。這裡可以買齊所有必備的材料（乳木果油或蜜蠟），也有較少見的香味，所以我很喜歡。

製成軟膏比直接使用精油的香氣更溫和，連我們家正值青春期的少年也很喜歡。特別疲憊的日子、希望能平靜的日子，擦上精油軟膏就能一夜好眠。

可以用在這些部位和症狀

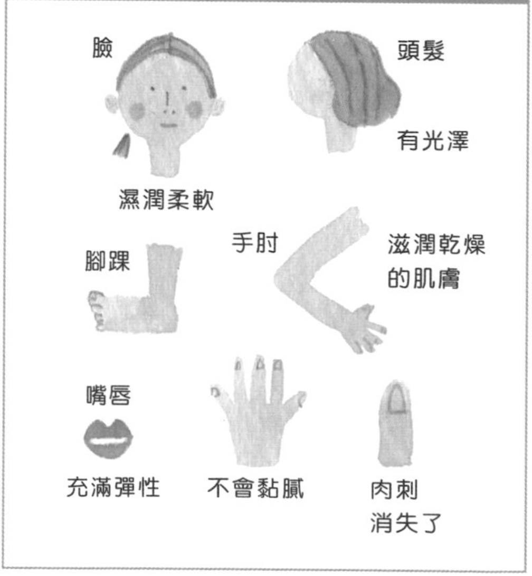
臉
濕潤柔軟
頭髮
有光澤
腳踝
手肘
滋潤乾燥
的肌膚
嘴唇
充滿彈性
不會黏膩
肉刺
消失了

心得▼▼▼手工製作精油軟膏，就可以做出價格合理、純度高的香氛用品。

萬用精油軟膏，
只需混合就完成了

把所需分量裝入
遮光瓶。
↓
減緩油脂或精油的
劣化速度。

隨身攜帶的裝入輕鋁罐

材料
乳木果油
荷荷巴油
維他命E油
蜜蠟（以上各1大匙）
喜愛的精油 10滴

做法
1. 乳木果油和蜜蠟裝入耐熱容器內，用500W微波先加熱1分鐘，然後再視情況每次加熱10秒。
2. 完全溶解後和荷荷巴油、維他命E油、精油混合，裝入保存容器後放涼。

材料都能
在iHerb買到。

iHerb
有很多從國外直接進口，日本店鋪買不到的健康食品、營養劑等商品。
http://jp.iherb.com/

促進血液循環的
維他命E油也有
防氧化的效果。

冥想＋默念
促進血液循環

瑜伽課會在開始和最後時唱誦「Mantra」，就像是禱告或聖歌般的咒語。我上熱瑜伽課程聽慣了以後，覺得很不錯，也養成在心中默唸的習慣。

比方說，「從雙腳間到頭頂呈一直線」、「背脊挺直，想像天花板上有一根垂下的直線吊住」、「感謝自己的身體，以舒適的方式深呼吸」。持續同一個姿勢覺得血液循環不順暢時，只要開始唱誦，僵硬的身體就會慢慢舒緩伸展。

「或許是言語產生的魔法！」內心這麼一想，我藉著默念這個行為，讓血液徹底循環全身。要是能讓毛細管更健康就好了，只要有空閒就持續做下去。

一邊用油按摩臉部、頸部、鎖骨周圍，一邊唸著「活化淋巴」，或是邊按摩頭皮邊唸「白頭髮要變黑」，又或是搓揉鬆垮垮的臂膀唸著「脂肪通通消失」。我在心裡祈禱著言語的力量進入身體。

所有抗老化都和改善血液循環息息相關，即使到了八十歲，只要身體有自癒力就會有效果。現在就開始透過言語的力量自我激勵吧。

1 想像額頭有一個
小小圓圓的東西。

2 在心中默唸想說的話，
想像這個小小的圓體在身體內游走。

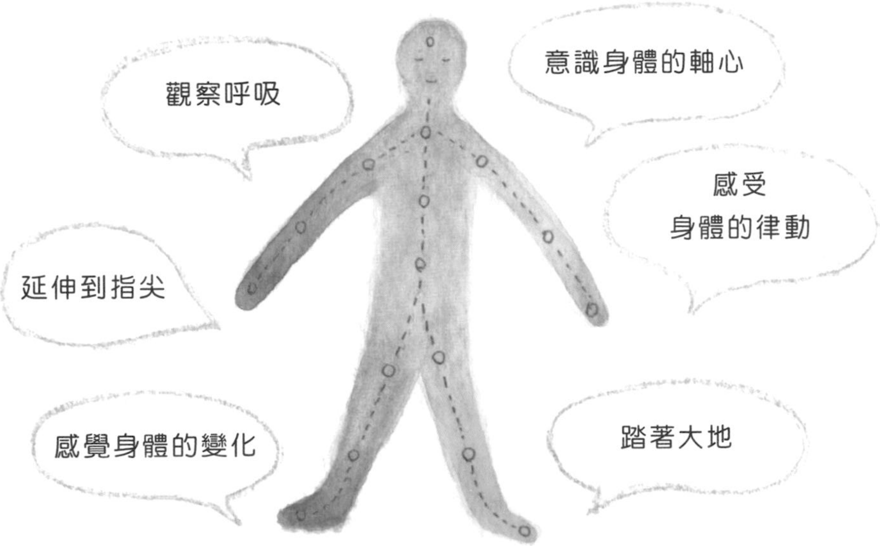
觀察呼吸
意識身體的軸心
感受
身體的律動
延伸到指尖
感覺身體的變化
踏著大地

心得▼▼▼持續相信有效，就能真的變年輕。

Column 2

改善身體健康的商品

擺脫化工品走向自然風，讓身體更健康舒適。

泡泡玉親膚石鹼 沐浴用

泡泡玉親膚石鹼 100g 140圓

不論洗臉、洗髮、洗澡，全身都可使用的固體肥皂。充分起泡後全身清潔，確實用水沖洗乾淨是關鍵。

無添加泡泡玉專用潤髮乳

泡泡玉親膚石鹼 1,026圓

以泡泡玉親膚石鹼洗髮後，再用潤髮乳緩和乾澀，頭髮柔順。也可以用檸檬酸＋水自行調製。

Organic Herb R（100g）

Ecologyshop 1,296圓

有機栽培的海娜染料，用溫水溶解後染白頭髮。這是橙色系，可以使用同系列商品的B重複染髮。

Flosspick牙線棒（complete clean Y字型）

Dentek 75支裝 600圓

手持Y字型後牙用的牙線棒。比線捲型容易使用，價格親民。線很柔滑，不用擔心傷害牙齦。

Ci 700

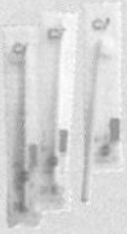

Ci Medical 10支 1,400圓左右

牙科推薦品牌。前端極薄，刷毛細，能徹底刷到每一顆牙。我習慣在網路一次大量購買。

隨身濾水瓶

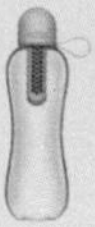

Bobble 590ml 2,592圓

附濾水功能的水瓶。直接裝入自來水，瓶口的過濾器有淨水功能。上瑜伽課時使用。

Stretch Pole 健身棒 EX

LPN 9,180圓

脊椎沿著健身棒躺在上面，能鍛鍊背部及肩膀一帶，不僅是瑜伽，在家也能用。

門上單槓

ASTARTE 2,380圓

裝在門框上的運動器具，抓住後做引體向上動作就能有效改善肩膀痠痛及駝背。我習慣一天做一次。

維他命 E 油

Sundown Natural 75ml 900圓左右

滋潤肌膚的高濃度油脂。混合少量乳霜等使用。用在嘴唇等敏感部位時要特別注意。

---

3 衣服

——四十歲後的時尚與裝扮

選擇服裝的兩大原則

過了四十歲以後，因為贅肉的關係，以前的衣服穿起來不舒服，因而選擇寬鬆衣服的情況變多了。

雖然寬鬆的衣服沒什麼不好，但無法享受打扮的樂趣是一大問題。每天都隨便穿的結果，似乎連心情也開始走下坡。

因此我乾脆把說不出特別喜歡的衣服，或是小腹看起來特別突出的衣服做斷捨離。與其留著也許有一天能穿得下的衣服，不如在衣櫃裡掛上現在穿起來好看的衣服，這樣在穿搭時會更開心。

用兩個標準決定衣櫥裡要用什麼衣服，一是設計上能展現自我風格，二是能修飾體型。所謂設計上的講究，是指其他衣服沒有的款式、顏色或手工等等。

最近很喜愛的品牌是ENFOLD。在細部剪裁上十分獨特，可能是因為這個緣故，可以修飾體型，穿上後也被朋友讚美「今天的穿搭很好看耶」。

穿一整天也不覺得累，肩膀或肚子不會感到拘束是一大優點。分開買的上衣及長褲只要是同色系，搭配起來就會有整體感，看起來更俐落，約會碰面或是開會都非常實用。

心得▼▼▼選擇衣服時，要兼具設計的講究與實際穿著的舒適度。

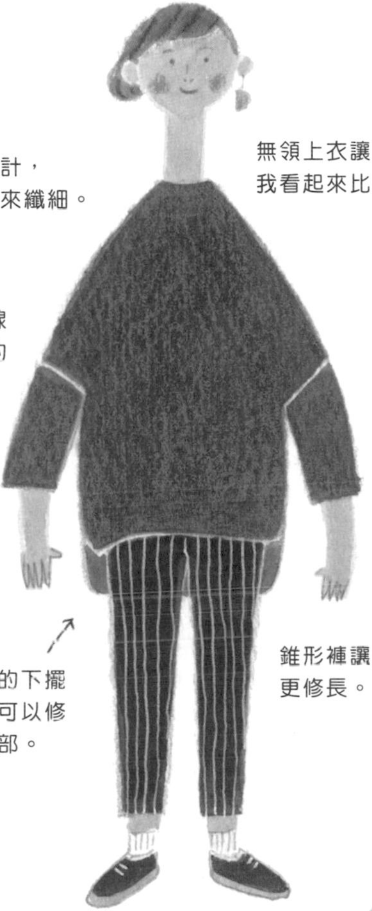

圓弧垂肩設計，
讓臂膀看起來纖細。

無領上衣讓脖子短的
我看起來比較清爽。

※垂肩設計指肩線
落在低於肩膀的
上臂處。

窄袖和衣身的層次對照
下讓手顯得修長。

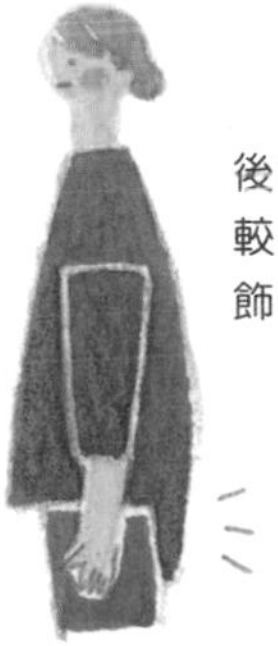

後面的下擺
較長可以修
飾臀部。

錐形褲讓腳看起來
更修長。

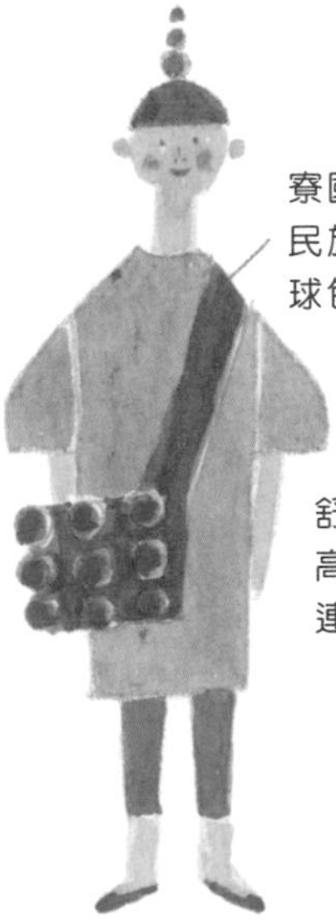

寮國的傳統
民族服飾球
球包。

寬鬆的連身服
以講究的小物
來畫龍點睛。

舒適度極
高的手工
連身服。

剪裁優美，
穿起來
無拘無束的

ENFOLD

選擇直線條，讓身形更俐落

試衣間的鏡子裡，我看起來就像一顆巨大的御飯糰……看來，我不得不面對變胖的現實。那麼究竟什麼樣的衣服能讓我看起來更修長？

首先，要避免輕飄飄、柔軟的材質或剪裁，要選擇俐落、直線的設計或材質。比方說選擇長版襯衫時，不要挑選寬擺的A字剪裁，而是看起來更瘦長的

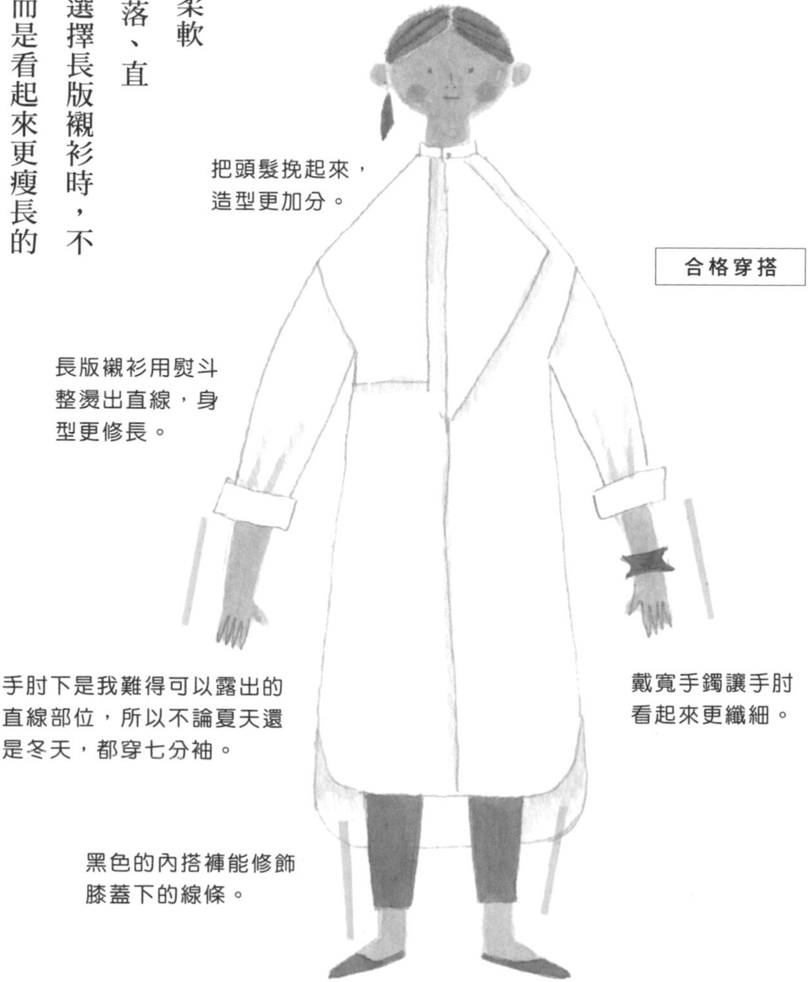
合格穿搭
把頭髮挽起來，造型更加分。
長版襯衫用熨斗整燙出直線，身型更修長。
手肘下是我難得可以露出的直線部位，所以不論夏天還是冬天，都穿七分袖。
戴寬手鐲讓手肘看起來更纖細。
黑色的內搭褲能修飾膝蓋下的線條。

I字剪裁。

雖然沒有必要選擇貼身型，但外觀鬆鬆垮垮的衣服，很容易給人邋遢的印象。另外，襯衫洗後不要皺巴巴的，用熨斗整燙出俐落的直線，看起來就能神清氣爽。

再來就是，只露出身體直線部分，比方說頸部、手腕、小腿到腳踝部分。這幾個部位因為肉少，露出來就能顯得修長。

同一件上衣，把長袖全部放下來和往上捲十公分相比，後者看起來更輕盈。另外，戴上寬版的手鐲也是讓手腕看起來纖細的祕訣。此外，露出腳趾不但看起來更有女性美，也有修飾腿部的效果。

不及格穿搭

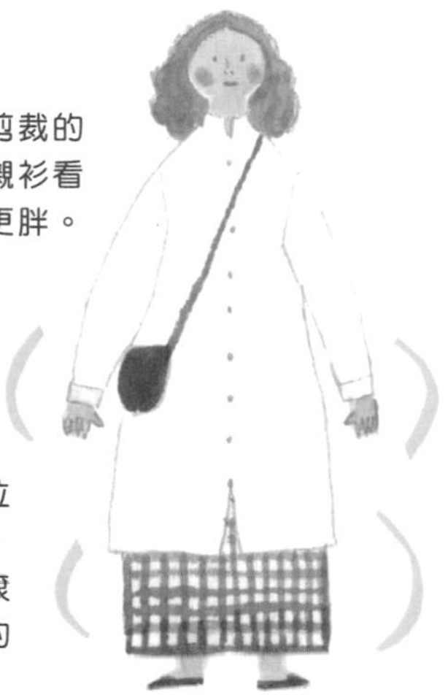
寬鬆剪裁的長版襯衫看起來更胖。
把直線部位完全遮住，給人圓滾滾而且鬆垮的印象。

外露看起來顯得更修長的直線部位

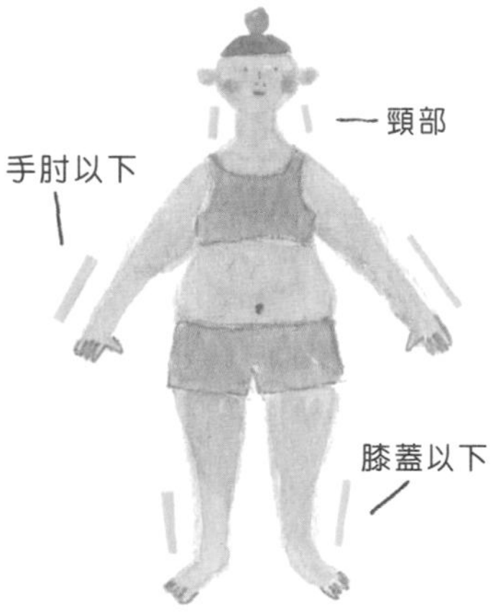
頸部
手肘以下
膝蓋以下

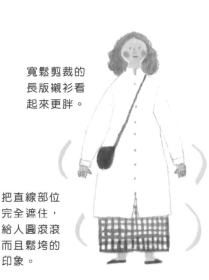

穿出襪子的時尚感

講究腳下時尚的人有各自的方式，因為我無法穿透明褲襪，所以一直認為褲襪是成熟女人性感的象徵。到現在，我其實還沒找到符合現在年齡的休閒穿搭方式。

有些女性可能會覺得短襪看起來很孩子氣，不喜歡穿。不過，只要選擇基本款沒有圖案，從腳踝起算大約七到十公分長度的短襪，就能搭配出成人的穿搭風格。全黑穿搭時，可以運用紅色或青色作為反差對比色，顯現時尚感。

舒適的短襪
可以很休閒

運動涼鞋×灰色短襪

好走路不容易疲倦的運動涼鞋搭配短襪，意外地很適合裙子及連身裙，整體穿搭能達到輕盈感。

有如學生般
的清爽感

樂福鞋×深藍短襪

白襯衫加上黑色百褶裙，有如學生制服般古典風韻，適合搭配深藍色的短襪。

心得▼▼▼巧妙搭配短襪，比褲襪看起來更清爽。

全黑穿搭的對比色

從腳踝算起15公分
的長度配合連身裙
的平衡剛好。

黑鞋×紅色短襪

全身黑色的穿搭，搭配紅色的襪子突顯對比，立刻就能營造出時尚感。皮包及指甲若能一起搭配更棒。

穿著褲裝時能
顯得更可愛

稍微露出
一點肌膚
是關鍵！

包鞋×白襪

包鞋也有可能適合短襪。雖然簡單卻能表現出女性化可愛的一面。

平價商品要注意汰舊換新

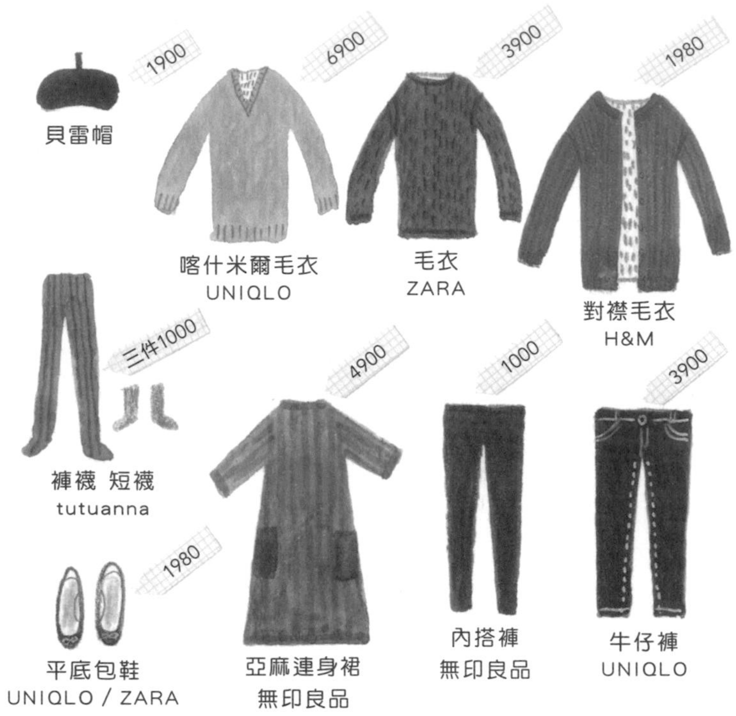

1900
貝雷帽
6900
喀什米爾毛衣
UNIQLO
3900
毛衣
ZARA
1980
對襟毛衣
H&M
三件1000
褲襪 短襪
tutuanna
4900
1000
3900
1980
平底包鞋
UNIQLO / ZARA
亞麻連身裙
無印良品
內搭褲
無印良品
牛仔褲
UNIQLO

對四十七歲的我而言，穿搭時最重視的是清潔感。因此最常穿在身上的都是平價商品。只需要一千圓上下就能買到穿著舒適的商品，最重要的是汰舊換新的門檻很低。

因為很喜歡所以即使變髒變舊也捨不得丟，或是花了大量清理毛球、皺摺的時間，效果卻不怎麼好的狀況減少了。

尤其是這幾年，每隔兩、三年就會買來替換的是UNIQLO的喀什米爾毛衣。不論是觸感、保暖程度、設計，以及自行清洗也不容易起毛球等優點，實在讓我很滿意。

只不過，因為想避免老是和別人撞衫，所以我買的平價商品只限短襪、褲襪，以及穿在內搭的上衣和基本款的牛仔褲等。關鍵在於如何

第一印象
最重視的清潔感

CHECK 1
領口是否鬆垮
CHECK 2
是否起毛球
CHECK 3
有無褪色

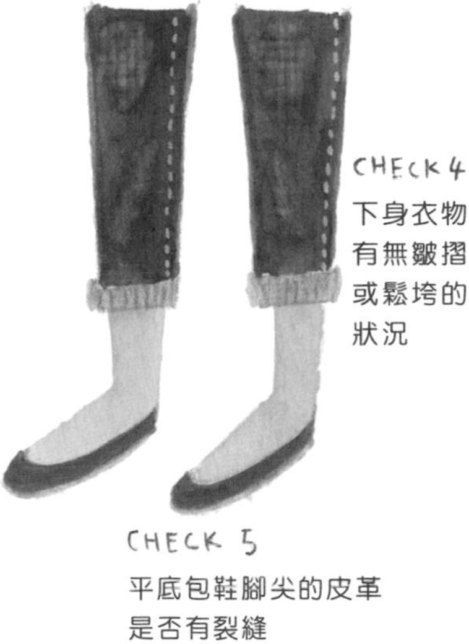
CHECK 4
下身衣物有無皺摺或鬆垮的狀況
CHECK 5
平底包鞋腳尖的皮革是否有裂縫

和自己喜愛的衣服搭配，整體看起來就不會有廉價感。

汰換速度大約是，一千圓左右的單品一年一次、四千圓以上的衣物大約兩、三年替換一次。我把這筆費用當作必要支出，每一季大約花一萬圓汰舊換新。

另外，偶爾也挑戰流行商品。由於平價商品很適合挑戰穿搭組合，所以隨時不忘追求流行也是一種樂趣。

心得▼▼▼透過平價商品的汰舊換新，輕鬆達到穿搭時的清潔感。

手作飾品要注意材質

一說到手作，或許聯想到的都是很難做，或是看起來廉價的印象，其實只要選擇素材時多注意，就能做出成熟有特色的作品。

年輕時，對於這種好像在自我表現的事情上有些抗拒，但近年來反而能堂而皇之的表現出我有這樣的興趣。

因為是獨一無二的，別的地方絕對買不到。和初次見面的對象也能以這個代替自我介紹。這裡就介紹剛開始想做手工藝的人最簡單的三個品項。

裹珠項鍊

建議使用
麻或絲綢

材料

4X132cm的布料
直徑12mm的樹脂串珠30個

作法

1. 把布料對折，從尾端縫至20公分的位置，留10cm返口。
2. 縫好以後，使用筷子等工具從返口翻面。
3. 兩端留下綁帶的長度（35cm），然後從返口放入串珠。
4. 把線用針穿好，約繞三次把串珠捲緊。
5. 重複步驟4，把串珠一個一個固定好。
6. 把30顆串珠都固定後，收好返口。

繽紛絨面革耳環

為穿搭帶來
畫龍點睛的
效果

材料

絨面革5X10cm

圓形耳環

做法

1. 絨面革配合版型裁40片，用粗針鑽洞。
2. 把1穿入耳環。

【原寸版型】

心得▼▼▼注意素材的選擇，手工小物也能增添自信心。

球球包

材料

毛線（長度可依想要的大小或密度調整）

做法

1. 準備和想做的球球尺寸相同直徑的瓦楞紙。
2. 在瓦楞紙上捲好100次左右的毛線。
3. 把捲好的毛線從紙板移開，中間綁好。
4. 上下以剪刀剪開，整理成圓型。
5. 縫在籃子或布包上，或是以同樣的毛線穿過去綁好。

透過裝扮
遮蓋受損毛髮

除了白頭髮，頭髮還有其他煩惱。前額的髮量稀疏太過顯眼，或是毛髮又細又軟、觸感毛躁、自然捲到處亂翹。

除了從改變洗髮、染髮等方法之外，每天的穿搭也能稍微下一點工夫。我最喜愛的是特本頭巾和貝雷帽，特本頭巾不但能自然掩飾受損的頭髮，也能成為穿搭時的亮點搭配，是我愛不釋手的穿搭單品。

特本頭巾也可以自己動手做，只要把細長的長條型布條縫在一起，三十分鐘就可以完成。使用麻料或燈芯絨做好數個配合穿著搭配，很適合用來遮掩開始冒出來的白髮。

貝雷帽則備有不同季節的基本色，貝雷帽不但能讓頭看起來較小，也能增添時尚感。帽子不但是時尚穿搭的重點，也能提升全身穿搭的整體感。

另外，太陽穴或髮旋長出幾公分白髮時，則用throw白髮用補色髮餅。只需用刷子或粉撲塗抹就可以補色，非常方便。我曾經買來送給母親，她非常高興。時尚的產品外包裝也非常加分。

【推薦商品→一百一十二頁】

特本頭巾

耳朵不要露出來
看起來比較成熟

材料
20X105cm的布料

作法
1. 布料對折，留出返口縫合。
2. 裡外翻面，縫好返口。

白髮用補色髮餅

THROW
hair color concealer
用刷子邊塗抹邊刷淡。

送給媽媽當禮物，
她非常開心

貝雷帽

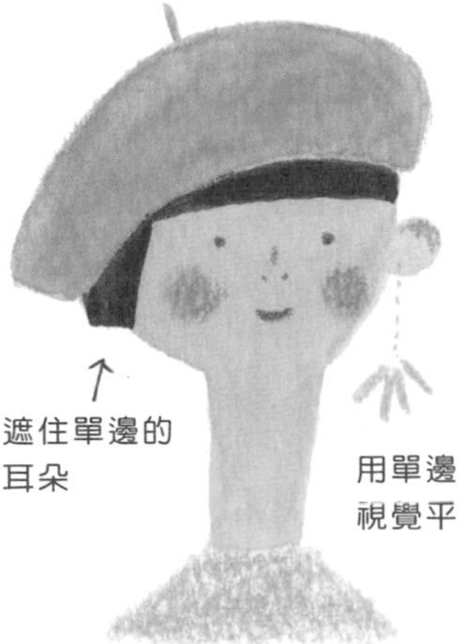
以可以伸進一根
手指的空間為準
黑色或灰色
等基本色更
容易搭配
遮住單邊的
耳朵
用單邊耳環達到
視覺平衡

心得▼▼▼用時尚單品遮掩頭髮缺點，開心又時尚。

綁髮讓精神看起來更好

頭髮毛燥、自然捲、乾燥等，就算只是留直髮也需要吹整。一旦過肩，吹整通常就得花二十分鐘以上；如果留短髮，至少兩個月要上一次髮廊修剪才能保持清爽俐落。對什麼都怕麻煩的我來說，還是盡可能保持中長髮，能輕鬆整理和變化，頭髮看起來有光澤的髮型是最理想的了。

研究之後發現梳成馬尾最好，只要五分鐘就能輕鬆完成，忙碌的早晨真的很方便。只不過，要是沒綁好看起來就很邋遢，所以我參考街上很多時尚的綁法，自己也做了各種嘗試。

推薦的髮型有兩種，一是綁在比耳垂稍低的位置，頭髮蓋住耳朵，呈現出古典風情，看起來更沉穩。另一個綁法是和耳朵平行，這個綁法能給人活潑開朗的印象，再高反而會給人故做年輕的感覺所以不好。

整理好比較短的髮絲是關鍵。可以先用香氛膏（參考八十六頁）在手上搓揉均勻後均勻抹上頭髮後再綁，就能連兩側的頭髮都收攏清爽。另外，這兩種綁法最後都要呈現自然感。綁好馬尾辮後，單手按著紮住的位置，另一手在上方各處稍微抓一抓營造蓬鬆感。抓的方向可參考插圖，簡單幾個步驟能立即呈現自然的感覺喔！

心得▼▼▼重點是光澤及自然感。避免毛燥，讓頭頂呈現自然蓬鬆。

想塑造優雅沉穩的印象

用手大致梳理。
按著紮住的位置，抓一抓上方營造自然感。
綁在比耳朵低的位置，頭髮蓋住耳朵看起來比較時尚。
使用髮蠟讓無法收攏的頭髮看起來也能有光澤。

按著紮住的位置，把●稍微往上抓；側邊的●瀏海拉出垂在耳際。

梳理過緊反而顯得老氣。

想看起來更年輕有朝氣時

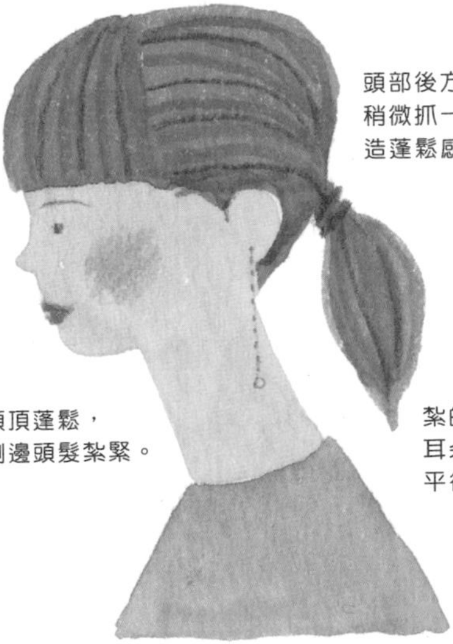
頭部後方的頭髮稍微抓一抓，營造蓬鬆感。
頭頂蓬鬆，側邊頭髮紮緊。
紮的位和耳朵位置平行。

按著紮住的位置，把●朝上稍微抓出。

無法收攏的頭髮零亂散落，看起來會有疲憊感。
頭頂髮量過多，看起來老氣。

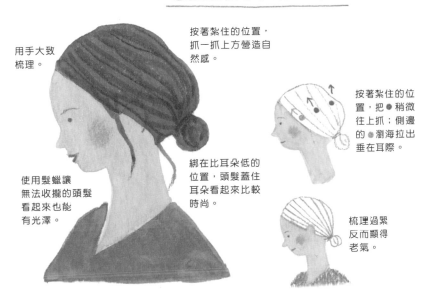

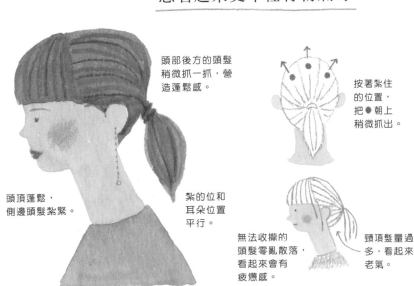

淡妝才不會顯老

我的化妝方式也改變很多。我從五年前開始不再使用粉底，而是用ＣＣ霜打底。年年變嚴重的細紋、黑眼圈、毛孔粗大，粉底塗得再厚也遮不住了，甚至越抹越明顯，於是我決定乾脆不用粉底，只用隔離霜。

因為沒有遮瑕效果，反而能呈現肌膚自然明亮，化完妝後看起來更自然。看起來不顯老，上淡妝在看得出血色程度就夠了，對肌膚的負擔也減輕了。

腮紅和眼影選擇有滋潤效果，口紅要避免霧面唇膏，我現在喜愛用看起來較有潤澤感的THREE唇蜜——魅光唇果蜜。眉毛、眼線、睫毛膏如果用黑色看起來太突顯，不自然而且顯老。選擇接近眼睛的顏色，眼眸看起來更漂亮，所以我全都挑茶色。

另外，化妝前的按摩很重要。用精油輕輕按摩整張臉，化妝後看起來會更明亮。

【推薦商品↓一百一十二頁】

基礎化妝
BASE MAKE

不使用粉底的基礎化妝

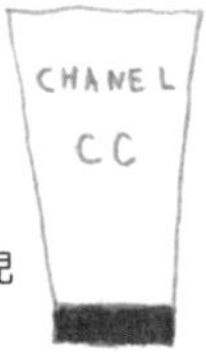

能呈現自然的光澤

香奈兒
CC霜

趕走暗沉

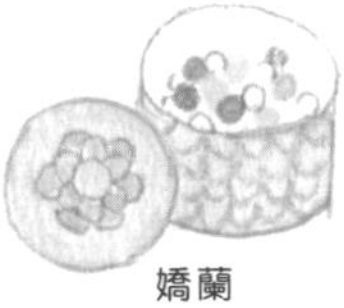

嬌蘭
幻彩流星蜜粉球

用溫水就可以卸妝

SHIGETA
BB霜

化妝重點
POINT MAKE

化妝重點就是
不使用黑色。

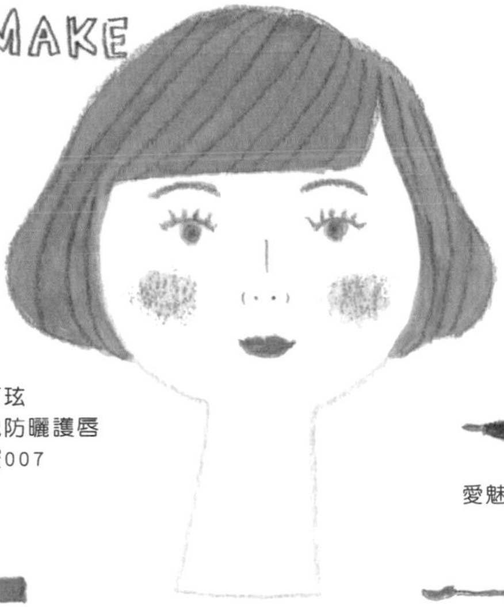

● 眉筆

● 眼線

THREE
愛魅瞳液狀眼彩筆 02

● 腮紅＆口紅

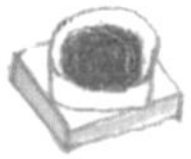

奧可玹
玫瑰防曬護唇
彩蜜007

● 唇蜜

奧可玹
炫癮波光唇蜜003

● 睫毛膏

THREE
愛魅瞳睫毛膏 05

看起來反而顯老的化妝方式	停用
粉底塗得太厚、塗眼影 突顯眼部的化妝品 沒有潤澤感的唇部化妝品	粉底 黑色眼線、睫毛膏 霧面唇膏

心得▼▼▼要檢視妝感是否過重。

在家做指甲彩繪更開心

指甲油是能表現時尚感最精緻的部位。閒暇的日子，透過上指甲油的玩心就能讓心情愉悅。相反的，指甲剝落斑駁時要注意是否要與人碰面，所以有時候與其到美甲店，我更喜愛在家一星期保養一次。

修指甲最重要的是選擇適合指甲形狀的設計。指甲圓而短的人，建議修成弧形，我通常只有指甲前端上一點顏色。我最喜歡紅色。不過，配合耳環或睫毛膏來調整顏色也很棒。

不論任何顏色都不要過度搶眼，沉穩卻具個性化的色彩，對指甲感到自卑的我也可以玩得很開心。相反的，指甲細長的人，可以修成方形或尖形。米色或灰色等接近肌膚的單一色彩，是指甲細長者的專利。

指甲油上完後，要上表層護甲油，沒有時間的話，推薦可在家DIY的凝膠美甲（光療）。配合有乾燥功能的美甲光療燈在亞馬遜大約售價兩千圓，只需三十秒就可以讓凝膠固定。不過要注意的是卸除方式，強硬卸除會傷害指甲，務必使用專用的銼刀卸除。

【推薦商品↓一百一十二頁】

短指甲也強烈推薦

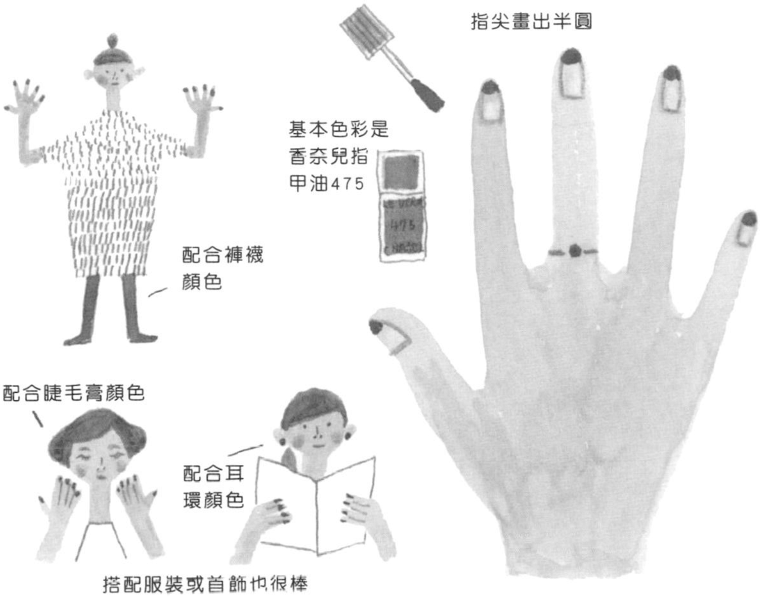
指尖畫出半圓
基本色彩是香奈兒指甲油475
配合褲襪顏色
配合睫毛膏顏色
配合耳環顏色
搭配服裝或首飾也很棒

以凝膠美甲取代表層護甲油

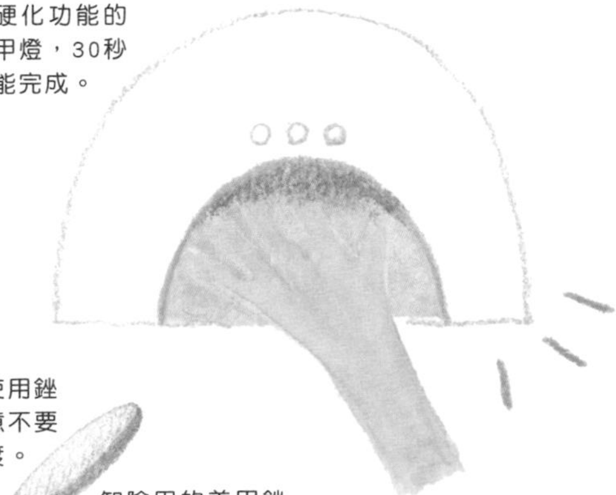
有硬化功能的美甲燈，30秒就能完成。
卸除時使用銼刀，注意不要削得過度。
卸除用的美甲銼大約700圓就可以買得到。
速乾，趕時間時非常方便。

生物素保健品

在iHerb購買的Natrol生物素100顆949圓

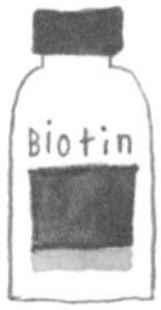
Biotin

比較不容易產生指甲分層的狀況。

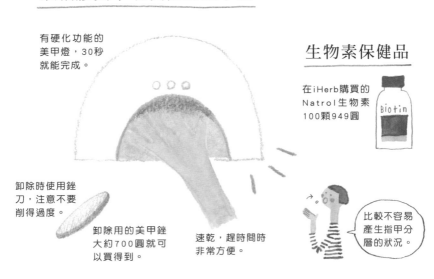

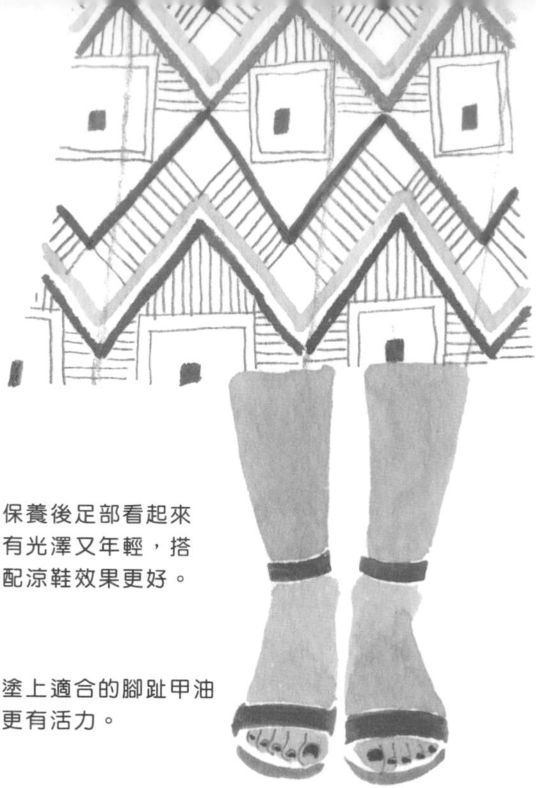

兼具舒適和時尚的裸足保養

保養後足部看起來有光澤又年輕，搭配涼鞋效果更好。

塗上適合的腳趾甲油更有活力。

肌膚保養時千萬別忘了足部，尤其是腳踝，夏天穿著涼鞋出門的機會很多，腳跟及腳趾附近的皮膚若是乾燥粗糙，看起來就很老氣。

我每年六月左右，都會仔細做一次去角質保養。最簡單輕鬆的方法就是，在加入去角質劑的專用足膜中泡三十分鐘，不會痛也不會癢。一星期後粗糙的腳皮就會逐漸脫落，恢復柔滑粉嫩的肌膚，之後只要確實保濕即可。

每個人使用的方式不同，我習慣用維他命E油和乳木果油混合後按摩。保養後柔嫩有彈性的肌膚真的很舒服，為了追求時尚，也很樂於持續保養。

冬天因為天氣乾燥皮膚受損的同樣是腳跟。很多時候因為龜裂而疼痛，後來有了電動磨皮機，能夠毫不費力地進行保養。這是傳統年代沒有的輕鬆商品呢！

細緻的滾輪削去粉末狀的角質，所以磨去硬皮後，就像是請專業美容師保養後的感覺。不會像用浮石或銼刀磨完後有種粗糙感，力道可以自己調整，所以能安心使用。不過，這些去角質的方法對於肌膚脆弱的人還是比較刺激。使用前務必詳細閱讀注意事項，嘗試使用時仔細觀察肌膚狀況比較好。

【推薦商品↓一百一十二頁】

心得▼▼▼一年兩次的足部保養，能讓腳部柔順光滑。

冬天使用電動磨皮機保養粗糙的腳跟

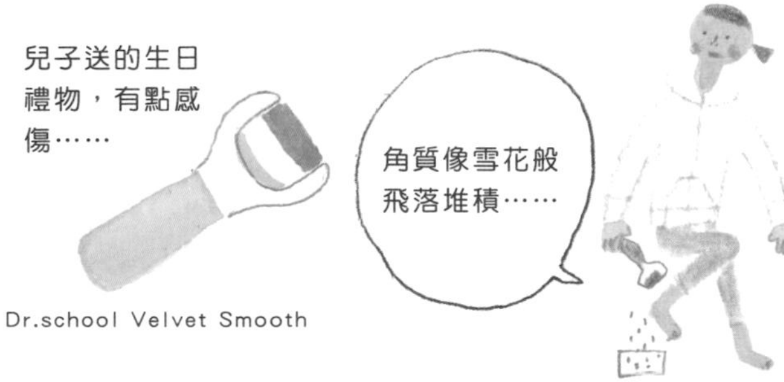
兒子送的生日禮物，有點感傷……
角質像雪花般飛落堆積……
Dr.school Velvet Smooth

夏天的去角質保養靠足膜

穿上含有藥劑的足膜30分鐘

一星期後就會變得光滑柔嫩。
BabyFoot LIBERTA

Column 3

四十歲後推薦的美容用品

最重要的是自然感和潤澤感，從基礎保養到彩妝，再加上重點加強，時尚也可以很簡單。

hair color concealer

THROW 2,800圓

髮際、太陽穴附近等處冒出白髮時使用很方便。只需用附在裡面的粉餅拍一拍，就能輕鬆補色。

愛魅瞳液狀眼彩筆

THREE 3,564圓

不會太黑，也不會太咖啡色，恰到好處的色彩與肌膚相稱，讓眼睛更有神。

幻彩流星蜜粉球

嬌蘭 7,700圓

蜜粉。呈現自然的光澤不會過度閃亮，能帶走肌膚暗沉。有時只需擦防曬霜和這一盒即可。

UV完美防曬底霜

SHIGETA 25ml 3,348圓

只需塗上薄薄的一層就能呈現光澤明亮的肌膚，SPF30 PA+++的UV防曬底霜，極致輕盈的質地，把臉洗乾淨就能卸除也是一大優點。

TINT LIP PROTECTOR + MORE（奧可玹 玫瑰防曬護唇彩蜜）

ADDICTION 2,700圓

可以同時作為腮紅及唇蜜使用的優良化妝品。我愛用的007是能讓氣色看起來更健康的紅色。

時尚恆彩指甲油

香奈兒 3,200圓

能均勻上色，快乾增色的護甲凝膠內含低聚物，能維持指彩亮澤度並提升持久度，是我喜歡的原因。

生物素*

Natrol生物素100顆1,000圓左右。

頭髮、指甲、肌膚都能更健康的保健用品。原本容易斷裂指甲現在變得健康了。

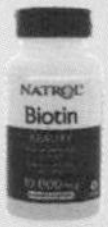

Velvet Smooth

DR.SCHOOL 1,900圓

能在藥妝店輕鬆買到的電動角質磨皮機。因為是電動的，可以均衡地磨掉腳皮。秋冬更要加強使用以保有柔嫩的美足。

輕巧包

BabyFoot 約1,800圓

加入去角質藥劑，浸泡後沖洗即可，過幾天後角質就會開始剝落。每年夏季前使用。

*因為是在國外網站購買，安全性請自行評估。

4

好奇心

——十年後也充實的生活小功夫

恢復寫信的習慣

以孩子為主軸的生活，活動區域幾乎都是在家裡或附近，行動範圍壓縮得很小。日常聯絡來往的對象也是以家人及媽媽友為主，大致上都是使用LINE來聯絡，群組都是兒子的班級家長或是才藝班家長，彼此交換訊息。

就在這時候，我收到年紀比我小的女性寄來的明信片，讓我靈機一動，不是電子郵件或社群網站，而是傳統信紙讓我非常開心。我原本就喜歡自己動手做東西，這張明信片讓我想起透過信紙交流的興奮期待感。

即使抱著好奇心去挑戰新事情，過去從未體驗過的新嗜好，門檻實在太高。但是若是以往

FUMIKOU

三角文香的製作方式

材料

- 一張折紙可做四個
- 棉花
- 喜愛的精油

就很喜愛的事情，要重新起步就不是那麼難。對我來說，其中一項就是寫信。光是準備寫起來順手的文具，就很開心，還能真實感受到重新找回自己的時間及習慣。

另外一項熱衷的事情是，以和紙薰香製成的「文香」。和信紙一起放入信封的文香，是從平安時期開始的傳統文化。

雖然和紙老舖也有販賣，但我使用日常生活中有的物品來製作，選擇喜愛的精油，和信一起放入信封，希望能把怡人的香氣與心意寄到收件者手上。

心得▼▼▼重拾曾經熟悉的嗜好和習慣，比嘗試新興趣更好。

1.在1cm大小的棉花上滴上精油。

2.裁成1/4的折紙對折，放入1的棉花。

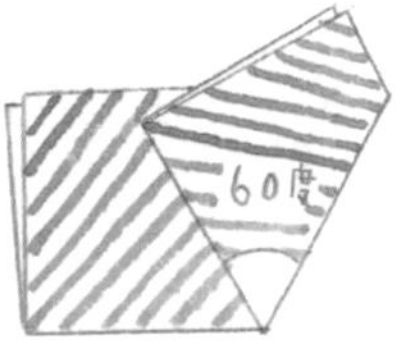

3.從中心點折出60度角。

4.背面也折出60度角。

5.翻面在✶的位置折出折口。

6.邊角折入5所折出的袋狀折口。

7.完成。

以枝葉裝飾感受季節之樂

楓葉

菝葜

金合歡

屋子裡布置出季節感，連帶也能讓心情隨之振奮。雖然裝飾鮮花也是一個方式，但我最近喜歡用枝葉來布置。除了照顧更簡單，也比鮮花更持久，可以欣賞好幾個星期。

即使只是單獨一支，也能呈現動態的氣勢有如畫一般。生氣勃勃的葉子在屋子裡舒展能使人心情緩和，有些種類甚至會冒出新芽、開花甚至結果，多重變化樂趣無窮。也許有人認為若是以枝葉來布置，頂多只能在春夏間，其實春天可以插開花的金合歡、桃枝、夏天則是葉片翠綠的吊鐘花、秋冬是結紅色果實的菝葜。

近年來，花店有各種種類，所以一整年都能挑到不同植物，不會覺得膩。因為色彩較少，所以能搭配不同風格的裝潢。如果是鮮花，色彩及造型都比較強烈，有時和室內空間不協調，以枝葉布置就沒有這層顧慮了。

養成用枝葉裝飾的習慣後，我買了有丹麥皇室認可皇冠標章的HOLMEGAARD FLORA花瓶。因為穩定度高，所以插入大型枝葉也很簡約美觀，到花店挑選採購成了一大樂事。

吊鐘花大膽地裝飾在桌子正中央，空間就有更舒適的開闊感。

心得▼▼▼枝葉比鮮花更好照顧更持久，很適合怕麻煩的人。

以#搜尋興趣的根源

開始玩IG到現在已經三年，對我來說已經是不可或缺的社群軟體了。因為不僅是自己所發的訊息，搜尋相關興趣也是很方便的工具。這和其他網路資訊不同，只會顯示追蹤者的上傳內容，所以很容易找到和志趣相投的人。

只要打開app，就像瀏覽個人專用的雜誌一樣。店家、美術館、咖啡館、旅行地點、美食等，覺得「這個很不錯」、「這個好棒」的資訊相當多，令人忍不住想要試試看、實際走訪看看。

我覺得查詢時最簡便、速度最快的就是IG。不是文字而是直接看到照片是一大優點。想查詢的關鍵字加上「#」查詢，就能找到以相同關鍵字上傳的照片，對於憑直覺思考的我而言，能夠一目瞭然下判斷實在很方便。

比方說想找道地的印度咖哩時，以「#」查詢，就能從一大堆照片中點選自己被吸引的照片，確認餐廳位置、氣氛、排隊狀況。查詢↓發現↓擬定計畫一氣呵成，要採取實際行動就變得更容易了。

【推薦app↓一百三十九頁】

心得▼▼▼用IG關鍵字查詢，就能更快速找到自己的喜好。

社群網站就像任意門

#在家吃飯
#traveling
#手作耳環
#indoorplants
可以隨時獲得最新資訊。
喜愛的照片使用照片編輯app 製作相簿非常方便。
按下這個按鈕＋就能建立新的相簿
相簿
美食
店舖
旅行
飾品
iphone

參加體驗型講座，開啟好奇心的大門

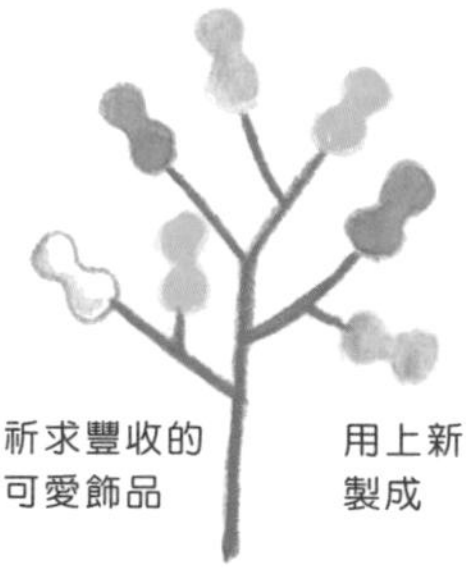

祈求豐收的可愛飾品

用上新粉製成

過年裝飾的繭玉（年糕花）

「workshop」在日本指的是體驗型的活動，不是只有聆聽或觀摩，而是實際動手作、書寫、品嘗等體驗。

最近很常在社群網站中介紹，或是書店、雜貨舖等也常看得到這類簡介。但我最常運用的還是在地主辦的活動，有非常多超乎預期的有趣企畫。包括魚板雕花裝飾、注連繩製作等季節活動、香道教室、北方民族編織、農作體驗等等的活動。

參加者的年齡有老有少，即使一個人參加也能很快融入。活動資訊通常都是刊登在社區報導中，我會先從頭看到尾，再打電話或寫明信片申請。而書店或雜貨舖主辦的時尚體驗型講座，邀友人一起參加比較不緊張。

另外絕對要推薦的是在旅遊地點參加體驗型講座。我曾在宮古島及寮國參加料理體驗講座，在當地市場買菜，料理第一次看到的食材，和當地人一起品嘗，這是一般旅行無法有的體驗，實際感受當地生活正是樂趣所在。

【推薦app↓一百三十九頁】

在寮國旅遊時參加的體驗講座

用蕃茄和茄子
製成調味料
搭Tuk Tuk去市
場買菜
在叢林中做料
理的體驗

檸檬草籃中
放入炸雞
在簍子裡
放入糯米
椰子米飯
布丁
蕃茄、茄子
調味料
香蕉葉烤魚

地點	寮國琅勃拉邦	時間	六小時
主辦	Tamarind飯店	費用	3700圓

心得▼▼▼還有很多未知的體驗，有興趣就別害怕大膽參加吧！

嘗試網路買或賣吧

我有很多同樣是家庭主婦的朋友，會趁照顧孩子的空檔手做包包或飾品放到網路上販賣。接下訂單，和客人溝通之際，不斷產生下一件作品的創意，大家都非常開心。代表的網站是「minne」、「Creema」。

利用手機就能簡單推出販售商品，也可以購買，因為每個月不需要固定費用，即使初學者也能輕易使用。我有時也會在網站上購買飾品或古董珠等物品。

「mercari」、樂天的「Rakuma」等免費二手交易app販售的商品稍微多一點，我在處理家中不穿的衣服時會使用。

buy 我買下的物品

12,000圓
創作家的手作提籃
（Creema）
1800圓
阿富汗
串珠刺繡手環
（mercari）
找到屬於自己的獨一無二作品。
2000圓
創作家的籐製手鐲
（在IG上看到直接寫信和作者交易）
血紅
珊瑚戒指
（Creema）
2000圓

使用前還以為寄送大概很麻煩……其實只要去超商或郵局，使用專用條碼閱讀器，配合智慧手機就能自動印刷寄件函，只要先登錄，不用告知詳細地址也能使用寄送服務，能保有個人隱私。

有時在ＩＧ看到很喜歡的手工雜貨，也會問對方是否能購買。也曾有過追蹤我ＩＧ的人看到我的畫和作品，就直接跟我下單。只要有行動力，就能自由買賣，實在是很便利的時代。

【推薦ａｐｐ↓一百三十九頁】

心得▼▼▼網路世界比想像中簡單，跨出一步與人的連結就無限擴展。

Sell 我販售的物品

不時推出已經不穿的衣服、鞋子

也會販賣小孩的衣服

家庭繪畫

上傳到IG時，喜愛這件作品的人就會表示想購買。

都是在自己的網路商店販賣的商品。

歡迎光臨！

沒事就這裡走走、那裡看看！

出門逛街辦完要事後，突然有一、兩個小時的空檔時，就是點燃好奇心的好機會。我常做的事情是地毯式漫步閒逛。在居家用品中心的手藝用品樓層或百貨公司地下生鮮用品賣場，平時買了想買的商品後就走了，這時候就能好整以暇地到處看看。

我的目的是給生活帶來新刺激。拋開「再往前走也沒什麼值得看」、「應該不會有我想買的」等先入為主的成見，嘗試從平時不會去的賣場開始探索。

平時會去的地方，也抱著第一次走訪的心情悠閒漫步，當觀點改變就會有新發現，「原來現在流行這樣的設計啊」、「雖然曾聽說過，原來實體有這麼大！」這些想與人分享的驚奇，讓我樂在其中。

另外，實際上想付諸行動時也有訣竅。那就是當發現什麼在意的東西時，立刻把使用場所、時間、頻率在腦海中模擬一遍。即使是怕麻煩的我，也會因此確認購買意願，實際買下試試看。下一頁就介紹最近「地毯式漫步閒逛」中發現的熱門商品。

【推薦app↓一百三十九頁】

books
stationery
craft
我想
到了！
health
beauty
travel
party
bag
kitchen

漫步閒逛發現的商品①

「皮革專用染料」

發現場所：台隆手創館
步行時間：一～兩小時

雖然是逛過好幾次的地方，但是我想著或許會發現好東西的心情下逛逛時發現的。在手工皮件賣場慢慢閒逛時，發現皮革專用染料。「初學者也能在家自行染色」讓我大為興奮，試著在記憶中找尋有沒有可以試試看的物品，這時我想起收藏在衣櫃裡的舊皮鞋和舊皮包，所以就買來試試看。一試之後非常滿意，新的顏色非常符合我目前的年齡，用品宛如有了新生命。

漫步閒逛發現的商品②

「帥氣又有女人味的白襯衫」

發現場所：LUMINE（車站大樓）
步行時間：兩小時

辦完事之後多出的空檔，放鬆一下喝杯茶也很好，想要多一點刺激就到車站大樓，專心尋找一直想要卻無法輕易妥協而沒買成的白襯衫。平時衣服總是買我喜愛的品牌，所以只會去逛固定的商店。這時候為了不錯過任何可能性，所以逛遍了三樓仕女服樓層，找到理想的白襯衫，沒白走這一趟真是太好了。決定主題後，找尋東西是一件開心的事。

漫步閒逛時發現的商品

皮革染料 → 染後煥然一新的物品

皮革染料

加五到十倍的水稀釋，重複上色

不好搭配的米色包鞋

染成黑色後，就經常派上用場！

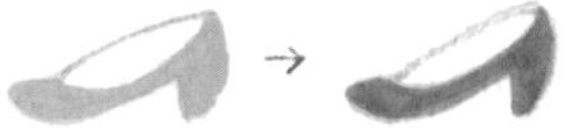

色彩太鮮艷，不常機會使用

穩重的色調較好運用

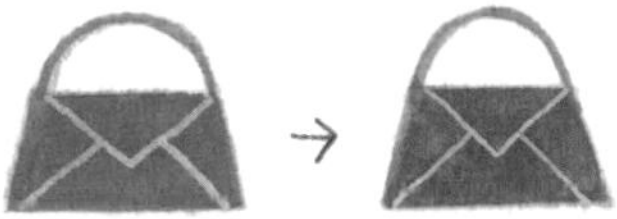

帥氣又有女人味的白襯衫

打開扣子，敞開領子就很有女人味。

衣領加上金屬領撐，立領穿著時就能顯得帥氣。

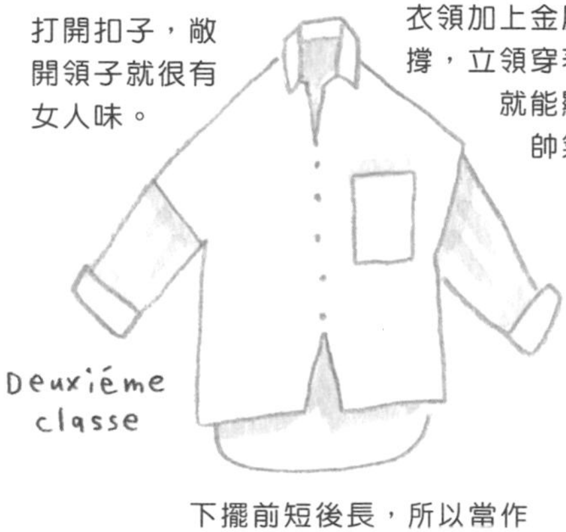
Deuxiéme
classe

下擺前短後長，所以當作外出服也沒問題。

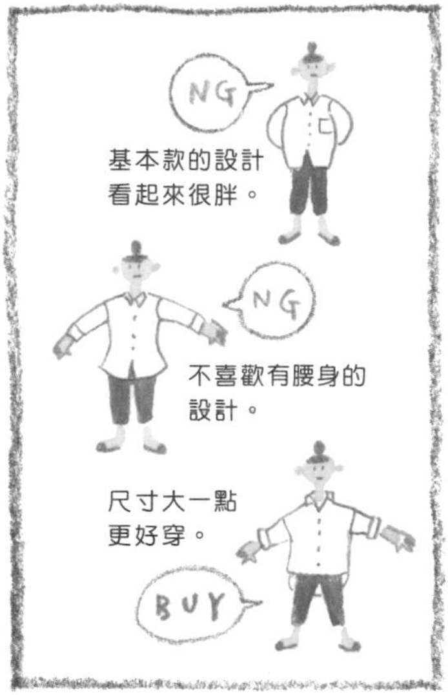
NG
基本款的設計看起來很胖。
NG
不喜歡有腰身的設計。
尺寸大一點更好穿。
BUY

心得▼▼▼開發以往不感興趣的領域，能使眼界更開闊。

開始夜晚生活吧

晚上開始擁有自由的時間，是這幾年來的一大轉變。以往晚飯後，照例都是在沙發上折洗好的衣服。雖然我也喜歡邊看電視邊悠閒做家事，但是外出擁有屬於自己的時間，則是格外奢侈。

到附近上熱瑜伽課，是一年前左右開始。把孩子送到補習班後，騎上自行車，夜風迎面而來，腦袋放空的暢快。

在孩子上完補習班快結束前，在圖書館悠閒看小說，或是餐後幫助消化，一半當作散步走到距離一個車站的大眾澡堂，以往根本想都沒想過天色暗了還到處趴趴走，光是走十五分鐘，就覺得全身血液循環良好，心情暢快。

回家時恰到好處的疲勞，讓我更好睡。我也常去附設咖啡廳的書店，就算一個人去也不會不自在。稍微喝個茶就能有悠閒好心情，很適合剛開始嘗試夜晚外出活動。

家人都外出時，一個人在家念書也很不錯。Word、Excel、Photoshop等電腦文書軟體的學習，撥出時間專注學習。妳若是有這樣的夜晚，兩個小時的自由時間，妳會想嘗試什麼事情呢？

心得▼▼▼得來不易的自由時間，就為了自己盡情利用吧！

媽媽友變成人生摯友

媽媽友對於身為母親的我來說，是非常重要的朋友。這樣的稱呼聽起來似乎給人一種隨便的感覺，但來自全國各地的人，偶然在同一個地區，撫育同一個世代的孩子，媽媽們的年齡、職業都不相同，能成為朋友是件值得感謝的事。

或許是因為再過幾年就不會再有結交媽媽友的機會了，孩子一旦到了其他學校，自然而然就不會再有往來。沒錯，結交媽媽友是期間特定的。

彼此住在騎腳踏車就可以到的距離，非常方便。可以輕鬆詢問「要不要順便到家裡坐坐？」「等一下一起吃個中飯吧！」因為對彼此的家人也很清楚，與其說是因為孩子而結識的友人，更像是孩子的阿姨般的關係。

前陣子在附近吃完中餐後，換個地方坐一下，一聊竟然就是四個鐘頭，還被女兒笑說「你們是女高中生嗎？」但我認為和媽媽友不需顧慮彼此的交往是重要的活力來源。

長大後要從零開始締結人際關係是件辛苦的事，但媽媽友是在人生辛苦的時期，共同一路努力的戰友，今後也是重要的友人。

最近話題的核心是
同性、同世代共有
的身體變化。

心得▶▶▶彼此了解的朋友，聯繫感特別強。

規劃家族年表

思考未來的種種時，想起以前寫下來的「年齡年表」。以現在的年齡推算，規劃出未來的十年。

想像那時候會（想）住在哪裡？（想）做什麼事？所以需要的是什麼？一一寫下來。十幾歲時，寫的是二十八歲結婚、三十歲生子、四十歲開一家雜貨舖等等。結婚後連家人的年齡也一起寫下來，做成了「家族年表」。

以往面對生育、孩子入學、老公換工作的關鍵大事，便寫下來重新修正指針。近年來再度調整家庭年表是因為孩子即將離巢，與父母同住的轉折點即將發生，所以開始覺得應該擬定今後的人生目標。

現在我和老公四十七歲，十年後就五十八歲了，女兒二十九歲、兒子二十四歲、父親八十四歲、母親八十歲。女兒或許那時正在工作，或是已經結婚了。兒子已經習慣了工作？高齡的父母親是否還健康？

把大家的年齡一一寫下來，就能知道未來父母的經濟狀況、回家鄉居住的可能性等等。有些朋友搬到自然景色較多的地方，或是為了照顧父母而回到故鄉。因為都是無法現在立刻決定的事項，根據家族年表，開始一一思考未來的計畫。

2026年養兒育女的任務結束。

55歲開始想為自己做喜愛的事！

光寫父母的年齡就想哭……

	我	夫	女兒	兒子	房子	父	母	房子
2018	47		19（大一）	14（國二）	東京租借	74	70←古稀	大阪的公寓，過著2人生活
2019	48		20（大二）	15（國三）	獨門獨戶	75	71	
2020	49		21 ？	16（高一）		76	72	
2021	50	←女兒的養育完	22 ？	17（高二）	四人同住	77	73	
2022	51		23 ↓	18（國二）	↓	78	74	
2023	52		24	19（高三）		79	75	
2024	53		25	20（大二）		80←	76	
2025	54		26	21（大三）		81	77	
2026	55	←兒子的養育完	27	22（大四）	可能住在大阪？	82	78	
2027	56		28	23 ↓		83	79	
2028	57		29	24		84	80←傘壽	
2029	58		30	25		85	81	
2030	59		31	26		86	82	
2031	60 還曆		32	27		87	83	

寫下年表後，浮動的心情就穩定下來了。

看著年表，就下定決心讓身心保持一輩子都能健康工作的狀態。

心得▶▶▶房子、錢、父母親的照顧等人生大事要及早安排。

珍惜每一次的重逢

睽違二十年重逢的朋友，
因為來東京順道來我家。

我最近開始安排和快二十年沒見的朋友碰面，她們都是我在成為人母以前認識的友人。可能是彼此都不必再找人代為照顧孩子及擔心晚飯，所以能夠輕鬆地見面。

能再碰面，很多都是透過ＩＧ或臉書。透過社群網站的訊息聯繫，即使沒碰面，也能安心、帶給彼此勇氣。雖然居住地、工作不同，不過，一談到健康或父母的話題多半都能十分熱絡，或許只有這個年齡才會有的情況吧。

不可思議的是雖然已經很多年沒見面，但一旦開始交談，立刻又回到當年的自己。心情極為愉快，而大家各自累積不同的人生經驗，也能交流不同的新資訊，因而不約而同像是暗號般地說出「我們要活出快樂的五十歲！」

養兒育女的時期結束，重新找回自我時間的興奮與期待，仍處在養兒育女期中的人比任何人看起來都更有活力地說「我還要繼續加油」、離婚的人則是「我還要再找新戀情」展現女性的魅力。

重逢雖然也有緊張的心情，但能夠再見面，是開闊視野的寶貴機會，為了家庭努力了將近二十年的我，能夠在家庭以外創造自己的空間，我相信一定能帶來今後更快樂、更豐富的人生。

終於能保有從容不迫的現在，不再把自己擺在第二順位，以自我為第一的人生準備，正一點一滴地開始。

心得▼▼▼過著現在最充實的時刻，重視自己的生活。

Column 4

刺激好奇心的觀光景點

前往觀看喜愛的事物、有興趣的地方，身心都能更健康。
偶爾走走看看也很重要。

美術館、博物館

大原美術館

岡山縣倉敷市中央1-1-15

館藏豐富，包括梵谷、莫內等人的畫作到日本民藝、古埃及等作品。希臘神殿風格的本館建築外觀也值得一看。

庭園美術館

東京都港區白金台5-21-9

繼承重要文化財產的舊朝香宮邸，可以欣賞典雅優美的建築及庭園、美術品。改建的新館及餐廳也非常棒。

日本民藝館

東京都目黑區駒場4-3-33

透過民藝之父柳宗悅的審美觀點蒐集而來，典藏17,000件左右陶磁、織品、木工、漆工等領域廣闊的新舊工藝品。

河井寬次郎記念館

京都府京都市東山區五条坂鐘鑄町569

展示留下名言「生活即工作，工作即生活」的陶藝大師河井寬次郎的作品。距清水寺很近的東山五条住宅區。

安野光雅館

京都府京丹後市久美濱町谷764和久傳之森

日本料理老舖。和久傳於2017年開館，展示畫家安野光雅作品的美術館。建築設計為安藤忠雄。

あとりえ・う（atelier-u）

東京都町田市鶴川1-13-12

以山為主題創造而聞名的版畫家畦地梅太郎的工作坊改裝成藝廊。常態展出60件左右的作品。

知弘美術館

東京都練馬區下石神井4-7-2

繪本畫家岩崎知弘的作品及介紹世界各國繪本畫家的美術館。舉辦針對親子或喜愛繪本人士的各種活動。

國立民族博物館

大阪府吹田市千里萬博公園10-1

岡本太郎作的太陽之塔聳立的萬博公園區域內。收藏世界各國文化、民族等包羅萬象的作品。

手藝用品、文具店

Cotton Field（已停業）

東京都武藏野市吉祥寺本町2-2-7

販售緞帶、鈕扣、布料等形形色色的手作用品。能在這裡找到進口商品及原創素材等其他店鋪買不到的商品也是一大魅力。

木馬

東京都台東區藏前4-16-8

高品質緞帶品牌，木馬的展示商店。店裡緊緊排列的美麗緞帶、織帶、蕾絲等商品最吸睛。也接受個人訂購。

五色.com

http://gosiki.com/

販售招待賓客料理的花、葉造型裝飾網站。在餐桌上增添季節感的素材。

榛原

東京都中央區日本橋2-7-1東京日本橋塔

創業兩百年以上歷史的老字號和紙舖。光是欣賞質地高雅的和紙就令人賞心悅目，也販售明信片及季節性裝飾。

東急手創館

東京都澀谷區宇田川町12-18（澀谷店）

全國連鎖居家生活百貨。我常去的是澀谷店。以探險的心情地下二樓逛到八樓也很有趣。

いせ辰（isetatsu）

東京都台東區谷2-18-9

元治元年創業的江戶千代紙及遊戲畫模版。販售反映江戶文化鮮艷色彩的千代紙及傳統製法的紙製工藝品等。

岡田屋

東京都新宿區新宿3-23-17（總店）

以關東為中心而開設的手藝用品店。新宿總店主要為服飾館及衣料館，提供品項豐富的商品，只要前往總會令人興起動手做的念頭。

世界堂

東京都新宿區新宿3-1-1世界堂大樓1～5樓（新宿總店）

不論學生或專家都大為愛戴，專賣畫材、文具、畫框的專業用品店。許多商品都能在店內試用，是件令人開心的事。

神社、寺廟、甘味處

伊勢神宮及赤福

三重縣伊勢市宇治館町1

三重縣伊勢市宇治中之切町26

兒子出生後是在這裡參拜的，對我而言是充滿回憶的一個地點。徒步15分鐘處赤福本店的「赤福冰」（夏季限定），是只有這裡才品嘗得到的美味及氣氛。

世田谷八幡宮及MAHORO堂蒼月

東京都世田谷區宮坂1-26-3

東京都世田谷區宮坂1-38-19 Windsor Palace103

兩處都是在走出世田谷線宮之坂站後立刻就到。世田谷八幡宮雖然位於住宅區卻綠意盎然，從以前就作為奉納的土俵現在仍在使用。參拜後不妨喝杯茶小憩片刻。

上賀茂神社及神馬堂

京都府京都市北區上賀茂本山339

京都府京都市北區上賀茂御 口町4

神社境內花草樹木繁茂，閒暇時走走也會讓心情清新。神馬堂買的烤麻糬包裝可愛得令人捨不得丟呢。

今宮神社及烤麻糬飾屋

京都府京都市北區紫野今宮町21

京都府京都市北區紫野今宮町96

到這裡參拜時幾乎都會買烤麻糬，可以充分體會京都氣氛的景點。

四天王寺及總本家釣鐘屋本舖

大阪府大阪市天王寺區四天王寺1-11-18

大阪市浪速區惠美須東1-7-11

每月都有會販售古董、二手衣攤販的緣日，能深入感受大阪風情。參道上的釣鐘紅豆餡饅頭非常大推。

網站、app

CREEMA

https://tw.creema.jp/

可以直接販售、購買手作、設計作品的購物網站。飾品、雜貨、珠寶等時尚小物品項格外豐富。

mercari

https://www.mercari.com/jp/

透過手機輕鬆販售、購買的二手交易平台。不但販售、購買流程都很簡便，透過超商、郵局的寄送也超級便利。

BASE

https://thebase.in/

提供現成格式，任何人都能輕易製作網路購物商店。經手商品包括服飾、雜貨、食品等包羅萬象。

VELTRA

https://www.veltra.com/jp/

能夠預約全世界超過100個國家當地旅遊活動的網站。提供的體驗型工作坊情報也相當豐富。

Tripadvisor

https://www.tripadvisor.jp/

預約飯店、機票聞名的網站，其實在觀光標籤中也提供了形形色色豐富的旅遊景點活動。旅遊者的經驗感想內容相當豐富。

D magazine

https:// magazine.dmkt.sp.jp/

每個月432圓就可隨意閱讀所有雜誌的網站。不論健康、流行、化妝、八卦等最新資訊都能輕鬆取得。

喜愛的名牌臉書粉絲頁

喜愛的服飾品牌，追蹤粉絲團就能獲得最新資訊。不購買也能作為穿搭的參考。

國家圖書館出版品預行編目資料

給 40 歲後更好的自己 / 堀川波作 . -- 初版 . --
臺北市：三采文化 , 2019.12　面；　公分 . --
(Mind Map；196)

ISBN 978-957-658-263-9（平裝）
421.4　　108017889

suncolor 三采文化集團

Mind Map 196

給 40 歲後更好的自己

作者｜堀川波　譯者｜卓惠娟
日文編輯｜李媁婷　美術主編｜藍秀婷　封面設計｜李蕙雲
版權經理｜劉契妙　內頁排版｜郭麗瑜

發行人｜張輝明　總編輯｜曾雅青　發行所｜三采文化股份有限公司
地址｜台北市內湖區瑞光路 513 巷 33 號 8 樓
傳訊｜TEL:8797-1234　FAX:8797-1688　網址｜www.suncolor.com.tw
郵政劃撥｜帳號：14319060　戶名：三采文化股份有限公司
初版發行｜2019 年 12 月 6 日　定價｜NT$320
4刷｜2022年 5 月 10 日